服装材料与创意艺术设计研究

洪芷薇　杨冠南　段艳芳　著

吉林摄影出版社
·长春·

图书在版编目（CIP）数据

服装材料与创意艺术设计研究 / 洪芷薇，杨冠南，
段艳芳著. -- 长春：吉林摄影出版社，2023.8
ISBN 978-7-5498-5895-8

Ⅰ. ①服… Ⅱ. ①洪… ②杨… ③段… Ⅲ. ①服装－
材料－研究②服装设计－研究 Ⅳ. ①TS941.15
②TS941.2

中国国家版本馆CIP数据核字(2023)第152849号

服装材料与创意艺术设计研究
FUZHUANG CAILIAO YU CHUANGYI YISHU SHEJI YANJIU

著　　者	洪芷薇　杨冠南　段艳芳
出 版 人	车　强
责任编辑	李　彬　樊　华
封面设计	文　亮
开　　本	787 毫米×1092 毫米　1/16
字　　数	200 千字
印　　张	8
版　　次	2023 年 8 月第 1 版
印　　次	2023 年 8 月第 1 次印刷

出　　版	吉林摄影出版社
发　　行	吉林摄影出版社
地　　址	长春市净月高新技术开发区福祉大路 5788 号
	邮编：130118
网　　址	www.jlsycbs.net
电　　话	总编办：0431-81629821
	发行科：0431-81629829
印　　刷	河北创联印刷有限公司

书　　号	ISBN 978-7-5498-5895-8	定　价：	76.00元

前　言

　　无论时尚怎样发展与变化，造型、材料与色彩都是服装设计永恒的三要素。服装设计师的工作在于对这三者的掌握与运用，尤其是随着现代科技的发展，体现材料及色彩特性的服装面料在整个设计活动中的重要性愈发凸显。服装面料是构架人体与服装的桥梁，是服装设计师使设想物化的重要载体，服装面料的特性能够左右服装的外观和品质，因此，对于服装面料的选用和处理，决定了整个服装设计的效果。

　　我们在服装面料市场上见到的面料已经历了服装面料的一次设计，即常说的"面料设计"，是借助纺织、印染及后整理加工过程实现的。面料设计师在设计面料时，首先要对构成织物的纱线进行选用和设计，包括纤维原料、纱线结构设计；其次还要对织物结构、织制工艺及织物的印染、后整理加工等内容进行设计。设计者要不断地采用新的原料、工艺和设备改变织物的品种，改善面料的内在性能和提高艺术效果。

　　本书共设置七章，分别从面料再造的物质基础、原则、实现方法、创新手段等几个方面进行了研究。

目　录

第一章 概述

第一节 服装面料再造的概念

一、服装面料再造的定义

服装面料再造即服装面料艺术效果的二次设计,是相对服装面料的一次设计而言的,它是为提升服装及其面料的艺术效果,结合服装风格和款式特点,将现有的服装面料作为面料半成品,运用新的设计思路和工艺改变现有面料的外观风格,是提高其品质和艺术效果,使面料本身具有的潜在美感得到最大限度发挥的一种设计。

作为服装设计的重要组成部分,服装面料艺术再造不同于一次设计,其主要特点就是服装面料艺术再造要结合服装设计进行,如果脱离了服装设计,它就只是单纯的面料艺术。因此,服装面料再造是在了解面料性能和特点,保证其具有舒适性、功能性、安全性等特征的基础上,结合服装设计的基本要素和多种工艺手段,强调个体的艺术性、美感和装饰内涵的一种设计。服装面料的艺术再造改变了服装面料本身的形态,增强了其在艺术创造中的空间地位,它不仅是服装设计师设计理念在面料上的具体体现,更使面料形态通过服装表现出巨大的视觉冲击力。

服装面料再造所产生的艺术效果通常包括视觉效果、触觉效果和听觉效果。

视觉效果是指人用眼就可以感觉到的面料艺术效果。视觉效果的作用在于丰富服装面料的装饰效果,强调图案、纹样、色彩在面料上的新表现,如利用面料的线形和走势在面料上造成平面分割,或利用印刷、摄影、计算机等技术手段,对原有形态进行新的排列和构成,得到新颖的视觉效果,以此满足人们对面料的要求。

触觉效果是指人通过手或肌肤感觉到的面料艺术效果,它特别强调使面料出现立体效果。得到触觉效果的方法很多,如使服装面料表面形成抽缩、褶皱、重叠等;也可在服装面料上添加细小物质,如珠子、亮片、绳带等,形成新的触觉效果;或采用不同手法的刺绣等工艺来制造触觉效果。不同的肌理产生的触觉生理感受是不同的，如粗糙的、温暖的、透气的等。

听觉效果是指通过人的听觉系统感觉到的面料艺术效果。不同面料与不同物体摩擦会发出不同响声。如真丝面料随人体运动发生摩擦会发出悦耳的丝鸣声。而很多中国少数民族服装将大量银饰或金属环装饰在面料上，除了具有某种精神含义外，从形式上讲，也给面料增添了有声的节奏和韵律，"未见其形先闻其声"，在人体行走过程中形成了美妙的声响。

这三种效果之间是互相联系、互相作用、共同存在的，常常表现为一个整体，使人对服装审美的感受不再局限于平面的、触觉的方式，更满足了人的多方面感受。

二、服装面料艺术再造与面料一次设计的区别

服装面料艺术再造与面料一次设计既有联系又有区别，后者是前者的技术基础。服装面料艺术再造是在服装面料一次设计基础上效果的升华与提炼。

服装面料艺术再造与面料一次设计的区别主要有以下几点：

（一）强调的侧重点不同

面料一次设计，是运用一定的纤维材料通过相应的结构与加工手法构成的织物，强调面料的成分、组织结构，通常通过工业化的批量生产实现，其最终用途往往呈现多样性。而服装面料艺术再造更多的是从美学角度考虑，在面料一次设计的基础上，通过设计增强面料的美感和艺术独创性，它非常强调艺术设计的体现，与特定服装的关联度很强。

（二）设计主体不同

面料一次设计由面料设计师完成，服装面料艺术再造主要由服装设计师完成。

（三）主要设计目的不同

服装面料艺术再造在一定程度上也采用面料一次设计时涉及的方法，如涂层、印染、镂空等，但它是以服装作为最后的展示对象，因此它重点强调的是经过再造的面料呈现出的艺术性和独创性；而面料一次设计主要是解决怎样赋予一种面料新的外观效果。例如，需要生产一种具有镂空效果的面料，在一次设计时解决的是如何更好地表现出镂空带来的美感，而在服装面料艺术再造时则重点考虑怎样将这种美感更好地在服装上体现出来。

（四）在服装上的运用不同

面料一次设计是实现服装设计的物质基础，大多数服装都离不开面料一次设计。而服装面料艺术再造具有可选择性，也就是说，不是所有的服装都要进行面料艺术再造，而应根据服装设计师所要表现的主题和服装应具有的风格，在必要的时候通过适当的再造，以实现更为丰富和优美的艺术效果。

（五）适用范围不同

面料一次设计应用的范围不确定。因为不同人对面料的理解不同，使得其采用的形式和范围具有多样性，同样的面料可以被用于不同的服装甚至是家居产品。而面料艺术再造的最终适用范围明确，并极具独创性和原创性。

三、影响服装面料再造的因素

归纳起来，服装面料再造的效果主要受以下因素的影响：

（一）服装材料性能

服装材料是影响服装面料艺术再造的最重要也是最基本的因素，服装面料艺术再造离不开服装材料。服装材料的范围很广，根据有无纤维成分，可将服装材料分为纤维材料和非纤维材料两大类。

下表 1-1 是常见的服装材料，也是服装面料艺术再造的基本材料。

表 1-1　服装材料的分类

服装材料	纤维材料	纤维集合品（棉絮、毡、无纺布、纸） 线（缝纫线、纺织线、编织线、刺绣线） 带（织带、编织带） 布（机织物、针织物、编织物、花边、网眼布）
	非纤维材料	人造皮革（合成革、人工皮革） 合成树脂产品（塑料、塑胶） 动物皮革、动物皮毛、羽毛 其他（橡胶、木质、金属、贝壳玻璃）

服装面料艺术再造所用的材料可以在服装面料的基础上适当扩展，但无论怎样扩展，都是以服装面料为主体，因为必须保证再造的面料也具有一定的可穿性、舒适性、功能性和安全性等性能。

作为服装面料艺术再造的物质基础，服装材料的特征直接影响着服装面料再造的艺术效果。服装材料自身固有的特点对实现服装面料艺术再造有重要的导向作用。不同的工艺处理手段往往会产生不同的视觉艺术效果，但同样的手段在不同材料上有不同的适用性。比如用无纺布和用金属材料分别进行服装面料艺术再造，其艺术效果有天壤之别。又如涤纶面料具有良好的热塑性，这个性能决定了它可以比较持久地保持经过高温高压而成的褶裥艺术效果。再如根据皮革具有的无丝缕脱散的特征，可以通过切割、编结、镂空等方法改变原来的面貌，使其更具层次感和变化性。总之，包括服装面料在内的服装材料是影响服装面料艺术再造的最基本因素。

（二）设计者对面料的认知程度和运用能力

设计者对面料的认知程度和运用能力是影响服装面料艺术再造的重要主观因素，它在很大程度上决定了服装面料再造的艺术效果表现。对于一个好的设计师来说，掌握不同面料的性质，具备对不同面料的综合处理能力是成功实现服装面料艺术再造的基本前提。优秀的服装设计师对服装面料往往有敏锐的洞察力和非凡的想象力，他们在设计中能不断地挖掘面料新的表现特征。被称为"面料魔术师"的著名日本时装设计师三宅一生对各种面料的设计和运用都是行家里手，他不仅善于认知各种材料的性能，更善于利用这些材料特有的性能与质感进行创造性运用，从日本宣纸、白棉布、针织棉布到亚麻，从香蕉叶片纤维到最新的人造纤维，从粗糙的麻料到织纹最细的丝织物，根据这些面料的风格和性能，他可以创造出自己独特的再造风格。而被誉为"时装设计超级明星"的克里斯汀·拉克鲁瓦也善于巧妙地运用丝绸、锦缎、人造丝及金银铝片织物或饰有珠片和串珠等光泽闪亮的面料，他擅长运用褶裥、抽褶等技术，增强面料受光面和阴影部分之间的对比，使服装更富有立体感。世界时装设计大师加里亚诺有着相当高超的对各种面料的搭配能力，这是他进行服装面料艺术再造的法宝，也是使其服装自成一体，引导时尚的独特能力之一。

（三）服装信息表达

服装所要表达的信息决定了服装面料再造的艺术风格与手段。进行服装面料艺术再造时，要考虑服装的功能性、审美性和社会性，这些都是服装所要表达的信息。由于创作目的、消费对象和穿着场合等因素的差别，设计者在进行服装面料艺术再造时一定要考虑服装信息表达的正确性，运用合适的艺术表现和实现方法。如职业装与礼服在进行服装面料艺术再造时通常采用不同的艺术表现，前者应力求服装面料艺术再造的简洁、严谨，常常是部分运用或干脆不用；而后者则可以运用大量的服装面料艺术再造得到更为丰富的美感和装饰效果。

（四）生活方式和观念

人们生活方式和观念的更新影响人们对服装面料艺术再造的接受程度。随着生活水平的提高和生活方式的不断变化，人们审美情趣的提高给服装面料艺术再造提供了广阔的存在和发展空间，同时人们的审美习惯深深地影响着服装面料艺术再造的应用。如服装面料艺术再造中常常采用的刺绣手法，通常根据国家和地区风俗的不同，有着各自自成一体的骨式和色彩运用规律。在中式男女睡衣中，主要是在胸前、袋口处绣花，并左右对称。门襟用嵌线，袖口镶边，色彩淡雅，具有中国传统工艺的特色；而日本和服及腰袋的刺绣则大量使用金银线；俄罗斯及东欧国家的刺绣以几何形纹样居多，以挑纱和钉线为主要手法。因此，在服装面料艺术再造的过程中，不能一味只考虑设计师的设计理念，还应该注意人们的生活方式与理念。

（五）流行因素、社会思潮和文化艺术

流行因素、社会思潮和文化艺术影响着服装面料艺术再造的风格和方法。如20世纪60年代，西方社会的反传统思潮使同时期的服装面料上出现了许多破坏完整性的"破烂式"设计；到了90年代，随着绿色设计风潮的盛行，服装面料艺术再造运用了大量的具有原始风味和后现代气息的抽纱处理手法，以营造手工天然的趣味，摒弃"机械感"。

服装面料艺术再造的发展还一直与各个时期的文化艺术息息相关，在服装面料艺术再造发展史上可以看到立体主义、野兽派、抽象主义等绘画作品的色彩、构图、造型对服装面料艺术再造的重大影响。同样，雕塑、建筑的风格也常影响服装面料艺术再造。流行因素、社会思潮和文化艺术既是服装面料艺术再造的灵感来源，也是其发展变化的重要影响因素。

（六）科学技术发展

科学技术的发展影响着服装面料艺术再造的发展，它为服装面料艺术再造提供了必要的实现手段。历史上每一次材料革命和技术革命都促进了服装面料再造的实现历程。制作花边、网纱的机械问世，使花边在相当一段时期内一直是服装面料艺术再造的主体。大工业时代面料的生产迅速发展，多品种的面料为服装面料艺术再造的实现提供了更为广阔的发展空间。三宅一生独创的"一生褶"就是在科学技术发展的前提下实现的面料艺术再造。它在用机器压褶时直接依照人体曲线或造型需要调整裁片与褶痕，不同于我们常见的从一大块已打褶的布上剪下裁片，再拼接缝合的手法。这种

面料艺术再造突破了传统工艺，是科学技术发展的结果。

（七）其他因素

社会生活中的诸多因素都会对服装面料艺术再造产生不同程度的影响，如战争、灾难、政治变革、经济危机等因素都会带来服装面料艺术再造的变化。20 世纪上半叶的两次世界大战和 30 年代的经济危机导致时装业低潮的同时，也使人们无暇思考面料的形式美感，服装面料艺术再造似乎被人们抛弃和遗忘。而后的经济复苏使服装面料艺术再造重新得到重视，如多褶、在边口处镶皮毛或加饰蝴蝶结等细节形式再次被服装面料艺术再造所运用。

以上的众多因素都或多或少地影响着服装面料艺术再造的变化和发展，也正由于它们的存在，使得服装面料艺术再造不断呈现出丰富多彩的姿态。在研究与发展服装面料艺术再造的时候，这些因素是不容忽视的。

第二节　服装面料再造的作用及意义

一、服装面料再造的作用

服装面料是设计作品的重要载体，服装面料的艺术再造更是现代服装设计活动不可缺少的环节，具有不可忽视的作用。

（一）提高服装的美学品质

服装面料艺术再造最基本的作用就是对服装进行修饰点缀，使单调的服装形式产生层次和格调的变化，使服装更具风采。运用面料艺术再造的目的之一，就是给人们带来独特的审美享受，最大限度地满足人们的个性要求和精神需求。

（二）强化服装的艺术特点

服装面料艺术再造能起到强化、提醒、引导视线的作用。服装设计师为了特别强调服装的某些特点或刻意突出穿着者身体的某一部位，可以采用服装面料艺术再造的方法，得到事半功倍的艺术效果，提升服装设计的艺术价值。

（三）增强服装设计的原创性

设计的主要特征之一就是原创性。服装因以人体为造型基础，并为人体所穿用，故在形式、材料乃至色彩的设计上有一定的局限性，要显出其所特有的原创性，在服装材料上的再造便是较为常用和便捷的途径之一。

（四）提高服装的附加值

由于一些面料艺术再造可以在工业条件下实现，因此在降低成本或保持成本不变的同时，其含有的艺术价值使得服装的附加值大增。例如普通的涤纶面料服装，经过压皱、注染、晕染等再造手段，将大大提升服装自身的附加值。

二、研究服装面料再造的意义

当今服装面料呈现出多样化的发展趋势，而服装面料艺术再造更是迎合了时代的需要，弥补和丰富了普通面料不易表现的服装面貌，为服装增加了新的艺术魅力和个性，体现了现代服装的审美特征和注重个性的特点。

现代服装设计界越来越重视服装面料的个性风格。这主要是因为当今的服装设计，无论是礼服性的高级时装设计，还是功能性的实用装设计，造型设计是"依形而造"还是"随形而变"，都脱离不了人体的基本形态。服装材料（面料）艺术再造作为展现设计个性的载体和造型设计的物化形式还有广阔的发展空间。

简洁风、复古风、回归风等多种服装设计风格并存或交替出现之后，人们开始重新审视装饰风，而服装面料艺术再造的主要作用之一是强化服装的装饰性。

服装面料艺术再造不仅是一种装饰，也体现着现代生产技术的水平，同时在一定程度上促进了服装工艺及生产水平的不断发展，并已被市场广泛接纳，今后还有很大的发展空间。

第三节　服装面料再造的过去及现在

"服装面料再造"这一词汇直至 21 世纪初才出现，但它的表现形式却一直贯穿在服装发展的历史长河中，并随服装和面料的发展而发展。随着各民族文化的发展和服装材料的不断丰富，人们并没有因为服装已具有穿着性而满足，而是在现成的面料上进行了不同形式、程度的再造加工。例如在古埃及的腰衣和背带式束腰紧身衣上就有不同方向的褶裥；另外古埃及的一种叫"围腰布"的衣服，用皮子制成，在皮革上开了很多孔，产生了层次感。这都表明古埃及人已有对服装面料进行再造的意识。古代西亚的波斯人也采用刺绣、补花的手法对面料进行再造，有钱人甚至在面料上镶嵌珍珠、宝石、珐琅等有价值的装饰品，不仅显示其社会地位，更突出了较好的装饰效果。这些都是早期的服装面料艺术再造。实际上，在人类社会文化的发展过程中，人们一直在有意或无意地进行着这方面的创造与加工。

一、古代服装面料再造的表现

（一）古代中国面料再造的表现

早在殷商早期，中国人就懂得运用刺绣装饰服装面料，这些可以说是我国早期的服装面料艺术再造。如中国古代帝王专用的十二章纹就是运用刺绣手法实现的面料艺术再造。这个时期，无论是服装面料本身，还是在服装面料上进行艺术效果处理，都被统治者所控制，成为王权和地位的象征，因此其服装面料的装饰效果具有的社会政治含义远远在美感作用之上。

秦汉时期，各种以织、绣、绘、印等技术制成的服饰纹样，以对称均衡、动静结合的手法形成了规整、有力度的面料装饰风格。

在唐代，不仅印染和织造工艺技术发达，面料的装饰手法也得到了长足的发展，采用绣、挑、补等手段在衣襟、前胸、后背、袖口等部位进行服装面料艺术再造比较常见，或采用腊缬、夹缬、绞缬、拓印等工艺产生独具特色的服装面料艺术效果，从而体现出服装不同层次的变化。这个时期的花笼裙是很有代表性的服装面料艺术再造作品，它的特点在于裙上用细如发丝的金线绣成各种形状的花鸟，裙的腰部装饰着重重叠叠的金银线所绣的花纹，工艺十分讲究。

宋代的刺绣业十分发达，宫廷设置了刺绣的专门机构——"丝绣作"，并在都城汴京（今开封）设有"文秀院"，专门为皇帝刺绣御服和装饰品，这使得利用刺绣手法进行服装面料艺术再造得以进一步的发展。

源于唐代、兴于明代的水田衣在表现手法上独树一帜，它运用拼接手法将各色零碎织锦料拼合缝制在一个平面上。虽然最初的形成是因为百姓家中经济拮据，就用大小不一的碎布拼成一件衣服，但其极为丰富和强烈的视觉效果，是传统刺绣所无法实现的。水田衣的制作在初期还比较注意织锦料的匀称效果，各种锦缎料都事先裁成长方形，然后再有规律地编排制成衣，发展到后期就不再拘泥于这种形式，而是织锦料子大小不一、参差不齐，形状也各不相同。

（二）古代西方面料再造的表现

由于中西文化和审美存在很大的差别，因此造成服装的迥然不同。中国人侧重面料的质感、色彩和纹样，讲究形色的"寓意"，这从中国古代的服装形式、色彩和纹样上可以得到验证；而在西方国家，更强调面料的造型之美，强调其空间艺术效果以及通过服装显示人体的美感，因此其面料艺术再造具有更广泛的内容。

中世纪的拜占庭常将复杂华丽的刺绣运用在服装面料上，并在边缘和重要部位的面料上镶嵌宝石或珍珠。罗马式服装中的女式布利奥德，其领口面料边缘用金银线缝缀凸纹装饰。

11—12世纪的罗马式时期，出现了由纵向的细褶形成的面料艺术效果，同时精美的刺绣和饰带也被运用在服装的袖口和领口。

14世纪，剪切的手法被广泛运用在面料上，形成了这个时期服装面料艺术再造的一大风格。立体造型的"切口"手法（也有称其为开缝装饰或剪口装饰）的具体做法是，将外衣剪成一道道有规律的口子，从开缝处露出宽大的衬里或白色内衣，通过外衣的切口体现出内衣的质地和色泽，与富丽华美的外衣形成鲜明的对比。由此塑造面料与面料之间错综搭配、互为衬托的效果增添了服装面料再造的艺术魅力。这种手法发展至今，已成为服装面料艺术再造的一种重要方法。

15世纪，画家凡·艾克绘制的《阿诺芬尼的婚礼》一画，反映出当时的服装面料艺术再造效果，毛皮镶边、抽纵和折叠的手法在面料上的运用使得服装显示出鲜明的层次感。这种设计在16世纪变得更加时髦，也成为现代服装设计大师在作品中常借用的手法之一。

16世纪最流行的时装是在面料上进行裂缝处理，这种撕裂的服装装饰性很强，它往往是将衣服收紧的地方剪开，再用另一种色彩的面料（通常是丝绸）缝在裂缝的地方。当穿着的人走动的时候，这块丝绸就会迎风飘扬，发出瑟瑟的声音。"补丁"越大，它从外袍下扬起得越高。后来，这种"补丁"被直接织在布中。

17世纪巴洛克时期，根据其呈现出的服装面料艺术效果，我们可以视其为服装面料艺术再造在实现方法上迅速发展的一个时期。在这个时期，缎带、花边、纽扣、羽毛被大量运用在服装面料上，形成了丰富的服装面料艺术效果。这个时期服装面料艺术再造的显著特点是，将各种面料（主要是绸缎）裁成窄条，打成花结或做成圆圈状，再分层次分布在服装的各个部位，实现层层叠叠的富有华丽感、立体感的服装面料艺术再造。这个时期的服装面料艺术再造被运用在服装上，深得上流社会女性的喜爱。

18世纪罗可可时期，常在面料上装饰花边、花结，或将面料进行多层细褶的处理，这些都体现了服装面料艺术再造的进一步发展变化。在画家布歇为篷巴杜夫人画的肖像中，清晰地再现了当时上流社会女性服装上具有的凹凸感极强的褶皱装饰。在袖口的褶边上镶有金属边和五彩的透孔丝边，还镶有类似于现代蕾丝的饰边。罗可可时期喜用反光性很强的面料制成装饰。18世纪末，花边、缨穗、皱褶、蕾丝边饰、毛皮镶边和金属亮片等在服装上的运用更加频繁，展现出了服装面料再造的新的艺术魅力。1870年以后，皱褶不再局限于竖向，还有横向、斜向的和多层的。百褶裙便在此时期出现。在一定程度上，服装面料艺术再造推动了服装工艺和服装形式的发展与演变。

二、现代服装面料再造的发展

20世纪，随着新材料和新工艺的飞速发展，综合性面料的诞生给服装面料再造增添了新的生机和艺术魅力。

20世纪30年代后，用不同色彩拼接的面料被运用在晚礼服上。同时，纺织面料与皮、毛结合形成新的艺术效果被用在服装的边饰上。最常见的是运用波斯小绵羊的皮毛或银狐皮来对面料进行滚边和镶领口的艺术效果处理。50年代之后，在美国首次出现了在编织面料上加入其他常见的装饰小件（如刺绣、小玻璃球和小金属物）的手法，产生了由面料再造带来的华丽感、立体感及现代感很强的艺术效果。

20世纪60年代以后，服装设计界加快了强调面料本身艺术效果的设计步伐，由此服装面料艺术再造被再次重视起来。创造丰富的服装面料艺术效果是设计师出奇制胜的法宝，采用的手法也比先前更多，如毛皮上打孔、皮革压花、染色、牛仔装饰铆钉等。同时受其他艺术形式的影响，动感和闪烁的波普艺术图案与现代画派大师的作品也被作为设计题材，广泛地用于服装面料上，这给服装面料艺术再造增添了新的血液。而一些前卫派的设计师试图将金属材料也变为20世纪女性时装的面料之一。以巴克·瑞邦为首的前卫派设计师用铝线把各种金属圈或片（主要是铝片或镀了金、银的塑料片）连接组合。这些全部由金属片制成的时装给人们带来了强大的视觉冲击。由此设计引发的将金属材质运用于服装面料上的方法得到了新的发展，在此后的一段时间里，许多服装设计师开始大胆尝试用非纺织材料来展现服装面料再造的艺术效果。

1970年，扎染的衬衫开始流行，嬉皮人士把白色T恤进行扎染后穿着，其效仿设计迅速传播，使扎染服装跻身于高级时装的行列。

20世纪70年代末期，一批来自日本的服装设计师，如川久保玲、三宅一生、山本耀司等人为整个服装界带来了一种崭新的服装造型的观念，他们以出人意料的造型向世界展示服装设计的创新，而这种服装造型的观念又通常是运用服装面料艺术再造来表现的。

20世纪90年代，由面料的使用引发了服装形式的新运动，像塑料、合成面料等面料纷纷登上时装大殿，而由面料之间的大胆组合和搭配实现的面料艺术再造变得更为多彩炫目。

从服装面料艺术再造的发展历程来看，它大大增强了面料的丰富感，这是不争的事实。近些年的国际服装发布会和我国的服装设计大赛中也频频出现面料艺术再造的创意，其魅力是不言而喻的。设计师在追求作品的视觉冲击力时，不再单纯地追求对新面料的使用和个性化的体现，而是更注重发挥面料艺术再造的最大化表现。当今各种高新技术的出现、新面料的研发和新的纺织工艺的发展使得服装面料艺术再造的前景不可限量。

设计师通过对面料艺术形式的再造，使服装形式更加富有变化，发挥面料本身的视觉美感潜力将成为服装设计的重要趋势。同时，一些面料再造的理念在高科技的支持下，也会转化为面料一次设计。

第四节　服装面料再造的无限性与有限性

一、服装面料再造的无限性

纵观服装行业的发展趋势，服装面料再造显现出了无穷的魅力。它的特点就是可以使用各种合适的面料，运用各种合适的手法与工艺，也可以通过时代前沿的新视野、新思路来完成设计。因此我们可以得出服装面料再造在服装设计的应用中具有无限可行性，即无限性。它的这种无限性主要表现在以下几个方面：

（一）服装面料再造的面料选择

时代的发展史也是物质资料的丰富史。传统意义上的服装面料按形态来分可分为两大类：一类是较为平面的宽幅度面料，这类面料一直是服装设计与制作的主要面料，可以直接进行切割、分解、重组处理。各种面料有着不同的强韧度、伸缩性、厚重性、光泽性、温暖性、通透性，以及不同的肌理等。例如毛皮、皮革类就有很美的自然肌理和图案，是很好的设计面料。不同的面料会有相应于其性能的加工方法；同一种面料在使用不同的加工方法后会出现多种肌理变化。另一类为饰品面料，一般以点、线形态出现，如各类花边，绳、珠、亮片、贝饰、拉链等，这类面料一般用于点缀、装饰底布，与底布经过合理的再造处理，能产生新颖独特的效果，给予底布全新的生命力。

一方面，新面料的不断出现又为设计师提供源源不断的创作源泉，丰富的面料有助设计师充分发挥想象力来激起其创作的灵感。另一方面，一些原本不能视为服装面料的物质经过再造手法的处理后，如今都可以用在服装设计中，成为服装的一部分。这些物质经过设计师双手神奇的改造，能够更好地发挥它们原有的美学价值，这就使得服装面料再造的素材取之不尽，得以实现的可能性无限扩展。另外，这些面料的再造运用也给予设计师更好的设计思路，并且能够推动服装面料包含范围的进一步扩展。

（二）服装面料再造的设计构思

时代在进步，社会也变得更加包容，设计师的设计思路也随之变得更为开阔和大胆。传统意义上我们认为会与服装产生任何关联的面料，比如唱片、机器零件等物品经过再造手法的处理，都被用在了服装上。设计师的设计理念和思路已经不再仅仅拘泥于单纯的布料塑性和工艺变化，也不再受传统审美观念的限制，他们从此转向追求自己作品的个性突出和特征明显。在这种原有服装面料本身的质地、肌理和形状无法满足设计师的设计欲望与思路表达的情况下，服装面料再造便成为设计师设计构思得以实现的主要途径。

从另一个角度看，服装面料艺术再造作为一种设计，不是孤立地存在于其他艺术形式之外的单体。许多艺术形式，如绘画、雕塑、建筑、摄影、戏剧，电影等等，不仅在题材上可以相互借鉴、相互影响，也可以在表现手法上融会贯通，这些都是服装面料再造的艺术依据。服装面料再造可以从各种艺术形式中吸收精华，如在雕塑和建筑中的空间与立体、绘画中的线条和色块、音乐中的节奏与旋律、舞蹈的造型与动态中得到设计灵感。在服装面料艺术再造中，姊妹艺术中的某个作品被演绎成符合服装特点的形态也是非常常见的。因此，服装面料再造在不断发展的过程中也必将会与旁类艺术形式相融合，使旁类艺术的精华成为丰富自己的艺术源泉。

（三）服装面料再造的实现性

过去的服装设计作品在一定程度上并不完全是设计师真正构思，也不能反映设计师的真正水平。因为在完全手工化或者半手工化的时代里，服装设计作品的好坏除了设计师的因素外还受时代因素和科技水平的制约，在织造、印染、整理等方面都受到限制，所以制作出的服装作品常常是带折扣性地向大众推出，甚至有的在工艺手法上也是无法实现的，只是处于纸上谈兵的状态。由于现代科技的高度发展，设计师的设计手法也更加的灵活，再加上在工艺技术等方面的选择性增多，服装加工制作技术限制减小，可以是借助机械手段，也可以是完全手工制作。要获得一定的肌理效果，对服装面料进行加工的技法很多：可以采用传统工艺，如刺绣、拼贴、编织等；亦可以运用现代技术，如挤压变形、镂空现底、高温定型、填充凸起。现在的服装设计作品基本可以按照设计师真实的设计构想来呈现。相信在今后的发展中，服装面料再造的艺术效果不会再受工艺技术的束缚，再造效果的实现可以不成问题。

（四）服装面料再造的动力源泉

我们前面说到，时代进步、社会的包容性带动设计师设计思路的开阔；同样，广大消费者的审美趋势与追求也相应地发生了改变。人们变得更容易接受新的艺术形式或是新鲜事物，包容心更强，追求个性的欲望更强烈。服装设计师和生产者要想使自己的作品或产品得到社会认可，取得一定的经济收益，在很大程度上，他们必须迎合消费者的消费心理，这便给服装面料的再造提供了一定的动力，也使得服装面料再造在推广上具有了无限的可行性。

从另一个角度来讲，在大众的消费心理中，手工制作就代表着价值更高，更有品位，也更有档次。而服装面料再造因为随意性比较大，部分效果无法通过机器来实现，只能依靠手工制作。正如传统的纺织类手工业有绣花、地毯、手绘、蜡染等能蓬勃发展一样，如果服装面料再造也能如此发展起来，则会出现这一新型的产业——服装面料再造业，这不仅能促进服装面料再造的发展，也能增加就业，顺乎社会所需，会得到社会的支持，从而拥有光明的发展前景。这样一来，服装面料再造则具有了社会层面的发展动力，使得其可行性方面有所保障。

二、服装面料再造的有限性

在了解了服装面料艺术再造的发展前景无所限量的同时，我们也必须看到服装是具有服用性与经济性的，因此服装面料再造的服装设计应用中也必然受这种特性的约束与制约，即有限性。这就使得它的应用与发展也具有了限制性。

（一）服装面料再造受面料特性的制约

服装面料是体现服装主体特征的载体，是进行服装面料再造最基本的物质基础，没有服装面料，根本谈不上服装面料艺术再造。虽然现代服装面料市场琳琅满目，新产品不断推陈出新，但面料本身的特性、肌理等因素有时候并不能因为设计或者面料的再造而发生改变。对于设计师而言，只能通过服装面料再造这一途径使各种面料自身的特点在自己的作品中充分发挥出来，却不能将自己的思想凌驾于面料特点之上，忽略面料的特性进行创作。因此这就要求设计师具有较好的整体素质：不仅要掌握服装面料再造的手法和技巧，还要了解各种面料的性能等等。设计不能超越面料自身的能力，而应该依托于面料，是对面料本身特性与肌理的运用与体现。只有这样才能真正创作出好的服装设计作品。

（二）服装面料再造要计算经济成本

服装面料艺术再造对提高服装的附加值起着至关重要的作用，然而我们必须清晰地认识到服装艺术设计不是纯粹的艺术形式，服装的商品属性以及竞争等因素会对服装产生巨大影响。服装设计包括创意类服装设计和实用类服装设计两大类。对于创意类服装来说，重在体现设计师的设计理念和达到所要的艺术效果，故而将服装面料艺术再造能够达到最佳的艺术效果放在首位，而将所做服装是否经济、实用，穿着是否舒适方便等作为次要考虑因素；但对实用类服装来说，价格成本不得不作为重要的因素进行考虑，将服装面料再造运用到实用类服装设计时，不仅要考虑如何迎合大众的审美趣味，还要考虑面料选择及面料艺术再造的工业化实现手段，这些在很大程度上决定了服装的成本价格和服装的经济效益。从这一角度来讲，服装面料再造的主要发展方向是受到限制的，其更多的是应用在创意性时装的设计上。其实，即使是创意性时装也不可能完全摆脱经济因素的影响，必须考虑成本与价值的比例关系。

（三）服装面料再造必须符合设计要求

前文中我们提到，服装设计有创意类和实用类之分，所以对这两类服装便会有不同的设计要求：实用类服装设计必须要考虑其实用性，包括穿着的人群、地点以及服装结构等设计因素；而对于创意类服装来说，虽然在实用性、舒适性方面可能要求较低，但是在进行设计时也要考虑其是否符合穿着者气质以及服装的风格定位等设计要求。简单来说，服装设计必须符合设计要求才行。

服装面料的艺术再造是服装设计的重要组成部分，因此，设计师在进行面料再造时也必须符合所设计服装的基本要求，根据要求选取合适的面料，进行得当的加工处理、组合搭配，而不能忽略设计要求去随意设计。想象一下，如果穿着表面经过大面积破损处理的服装去参加朋友的婚礼，这显然是不合适的。可以说这是服装的社会性对服装面料再造设计的一种限定。

（四）服装面料再造要考虑穿着舒适性

功能性和实用性是实用性服装所应具备的两种特性，然而服装面料艺术再造在增强服装原创性、提高服装附加值以及强调服装艺术效果的基础上却会在一定程度上破坏服装的实用性。我们可能会因为在服装面料上做了镂空处理而破坏了服装的保暖性，也可能会因为运用了一些质地较硬的面料而破坏了服装的舒适性，还可能因为装饰性的部件太多而破坏了服装的运动性等等。但是，总的来说，服装面料再造的实现过程就是在一定程度上对服装的实用性能进行破坏的过程，但是服装之所以叫作服装是因为其所具有的内在本质属性与功能，而服装的这种本质属性与功能又决定了服装面料再造的这种"破坏"必然是有限的。

第二章 服装面料再造的物质基础

服装面料是体现服装主题特征的材料，也是进行服装面料艺术再造最基本的物质基础，没有服装面料，根本谈不上面料艺术再造。然而，不同的纤维原料、纱线结构、织物组织结构及不同的生产工艺所生产的服装面料在性能特点上是千差万别的，同样的艺术再造手法，采用不同的服装面料，其所形成的艺术效果会迥然不同。因此，在进行面料艺术再造时，必须以服装面料为物质前提和制作主体，利用其特点和优势，因材而异地展开有丰富创意的设想，以得到更新颖、更丰富的艺术效果。这就对设计者提出了最基本的要求：首先必须掌握服装面料的相关知识。

第一节 服装面料的种类及其性能

一、服装面料的分类

面料的分类有多种方法。

（一）根据风格与手感分

根据服装面料的风格与手感，可分为棉型、毛型、真丝型、麻型、化纤型以及它们的复合型，其风格与手感各异。由于近年来消费者崇尚自然的时尚与心理，目前具有较好市场效应的面料主要为下述几种以天然纤维风格手感为主的复合型手感类型的新型面料：棉型或以棉型为主、兼具毛型或真丝型风格手感的面料；毛型或以毛型为主，兼具真丝型或棉型或麻型风格手感的面料；真丝型或以真丝型为主，兼具毛型、棉型或麻型风格手感的面料；麻型或以麻型为主，兼具毛型或棉型风格手感的面料。

（二）根据应用场合分

对用于内衣、时装和制服等不同场合的面料，其要求又有不同的侧重点。如对内衣面料的要求是：非常柔软（宽松型的内衣要求没有身骨，紧身型的则要有弹性塑身效果），暖感或冷感的肌肤触感，对皮肤的亲和感（应无或有细微的糙感、无滑爽的蜡状感或刺痒感），自然的光泽感，吸湿透气导湿，抗菌除臭、无静电等，并以棉型或真丝型风格为主。时装面料则要求：具有良好的悬垂性、飘逸感，清晰细腻的布面纹理与光泽感，具有一定的身骨和回弹性，透气导湿，以毛型或麻型风格为主。衬衫面料则应具有薄、柔软、挺括、光洁的特征及清晰细腻的布面纹理与光泽感，抗褶皱，透气吸湿导汗等。

（三）根据配色分

就面料的配色情况而言，一般将面料分为六个概念组："基本"概念配色、"敏感与精致"概念配色、"根"的概念配色、"装饰"概念配色、"设计"概念配色、"无限"概念配色。

（四）根据原料构成分

根据不同的原料构成，可以将面料分为纤维织物、裘皮、塑料等类型。

（五）根据织制工艺分

按不同的制织工艺，可以将面料分为机织物、针织物、非织造织物、编织物等。

二、服装面料的性能

服装面料的特点和性能对实现服装面料再造的影响很大。就应用性而言，服装面料性能主要有以下几个方面。

（一）美学性能

美学性能是指光泽、色彩、肌理、起毛起球等。

（二）造型性能

造型性能是指厚度、悬垂性、外形稳定性（拉伸变形、弯曲变形、压缩变形、剪切变形）等。

（三）可加工性能

可加工性能是指耐化学品性（如可染性、可整理性等）、耐热性、强伸度等。

（四）服用性能

服用性能是指吸湿透气性、带电性、弹性、保暖性、缩水率等。

（五）耐久性能

耐久性能是指强伸度、耐疲劳性、耐洗涤性、耐光性、耐磨性、防污、防蛀、防霉、色牢度等。

在进行服装面料再造时，设计师应对面料的这些基本性能了如指掌，熟悉各种面料的性能，便于更好地进行服装面料艺术再造。从美学性能方面来讲，熟悉面料的光泽、色彩和肌理有利于在再造中对各种面料进行组合和搭配，也便于更好地选择服装面料再造的实现方法。例如，在对面料进行化学手法处理前，如果了解绵羊毛在冷稀酸中收缩，醋酸纤维在苛性钠溶液中会发生表面皱化等，就可以利用这些特点，预先设计好要表现的艺术效果，从各个角度运用这些技术和材料，使这些面料产生新的视觉艺术效果。

服装面料的性能主要取决于纤维种类。与传统纤维不同，对于新型纤维，需进一步进行了解和探索。例如，纤维截面形状的改变，表面看来变化并不复杂，但实际上，纤维截面形状的改变将使纤维的比表面积、容积发生很大的变化，纤维的线密度、光泽也随之变化，纤维的许多物理机械性能和染色性能也受到影响，对面料的手感、风格等均产生影响。因此在进行服装面料艺术再造时，为寻求和创造新的面料艺术效果，应该充分了解并利用各种面料的优点和特性，还要掌握各种面料与人的视觉和心理感受的关系。

三、其他服装面料

（一）轻薄型面料

织物的轻薄化是当代面料发展的重要趋势之一。织物的轻薄化之所以成为人们追求的一个热点，并不仅仅因为织物在物理上具有轻薄的特点，还有其深层次的原因。一是轻薄型面料往往用料精细，通常选用一些高档的纤维，加工难度大，技术要求高，织物的质量和品位高；二是这类面料外观精致、细洁、手感细腻、轻飘；三是有良好的透气性、透湿性、舒适性；四是具有轻盈、飘逸、潇洒的风度，有时还带有细巧、娇柔的感觉，使人心理上产生青春、活力、自由、自在的理念，这正迎合了时代的潮流。自从 20 世纪 80 年代以来，所有面料平方米重量已经大大减轻。其中，粗毛纺织面料，平均每平方米下降了 60~80g。粗纺呢绒中大衣呢每平方米由 640g 以上下降到 500g 以下，学生呢每平方米由 600g 以上下降到 400g，法兰绒每平方米由 450g 以上下降到 330g 以下。轻质在夏季表现为轻薄，如细纺、巴里纱、乔其纱；而在冬季则表现为蓬松，如具有体积感的衍缝羽绒织物、絮棉织物。轻薄面料多采用低线密度纤维、低线密度纱线，也有采用差别化纤维、可溶性纤维厚料织造，利用变形纱、包芯纱和包缠纱的工艺以及后处理的减量、烂花等技术，使织物轻盈、飘逸、具有流动性。具有凉爽感的夏季织物有以下几种：①薄型织物；②光面织物；③平纹和高支细密织物；④丝绸织物；⑤麻织物；⑥绉织物；⑦长丝织物；⑧含湿量较大的织物；⑨异支交并织物。具有蓬松感的面料多为采用卷曲纤维、中空纤维、异收缩纤维、变形纱、松结构、起绒或者蒸泥、夹心织造的多层织物。

（二）舒适型面料

舒适性是中高档纺织面料最基本的要求，是 21 世纪面料发展的一个不可逆转的趋势。它包含弹性、伸长、手感、含湿、柔软、悬垂、透气等方面。采用舒适的天然纤维、氨纶弹力纤维、吸湿透气超细纤维织造，经过舒适性功能整理及相应的织物设计均可获得。

（三）闪光面料

闪光面料反映织物的材质，还具有美观性、装饰性和标识性等。织物闪光布金银丝光、荧光、丝光、钻石光，而最受欢迎的通常是柔光和丝绸的珍珠光、羊毛的磷光、麻棉的自然光。面料的闪光多采用有光丝、异形丝、金银丝、亮片、彩色有光丝、缎纹组织、经纬异色、荧光染料、丝光、有光涂层、光泽整理、特种印花等材料和手段来实现。

（四）透明面料

中高档的轻薄织物以及装饰织物都强调透明透孔及网眼，追求透视感、朦胧感、层次感，表现青年人的活泼、激情、自由、奔放的特点。使面料透而不露，似透非透，提高其品位和艺术美感是面料设计师的任务，其效果可以通过低线密度、稀薄、织纹、抽纱、挖花、剪花、绞综、针织、镂空、激光、烂花等方法获得。

（五）花色面料

纺织产品有强烈的装饰效果，可使人赏心悦目，获得美的视觉享受。在纺织面料上选择相应的颜色可以使人产生兴奋或沉静、华丽或朴素、活泼或忧郁的感受。色彩的组合应注意平衡美、对比美、调和美、节奏美、配合美。从色彩上说，流行色的运用与原料、面料风格和服装用途、环境协调有关；从纹样上看，不论是植物纹样、动物纹样、几何纹样、文字纹样还是山水纹样，在纺织品上的表现手法既有具体的也有抽象的。取得花纹的方法有很多，包括提花、印花、绣花、植花、轧花、剪花、烂花、烤花、喷花、贴花、磨花等，仅印花就有发泡印花、金银粉印花、珠光印花、闪烁印花、仿烂花反光涂料印花、金箔印花、夜光印花、钻石印花、变色印花、仿拔印花、数码印花、转移印花等几十种方法。雪纺面料经烫金或烫银处理，具有更好的视觉效果，适用于女装和童装等，也可利用花式纱开发花色面料。

（六）多种原料混纺面料

天然纤维和各种化学纤维原料性能各异，采用高新技术对各种纤维进行混纺，可以取长补短，改善面料的服用性。在最新开发的面料中，既有丝与棉、毛、麻等天然纤维混纺的，又有丝与涤纶、锦纶等化学纤维混纺的，这类面料外观新颖、手感丰满、弹性好。甚至还有天丝与其他纤维、大豆纤维与其他纤维、各种新合成纤维等原料的混纺交织产品。

（七）差别化纤维面料

异形纤维和复合纤维：改变纤维的表面和截面形态，可赋予纤维各种各样的新的功能。如三角形截面向八叶形截面转变，纤维的光泽反射度降低，光泽细度下降，其手感、组织的风格因而改变；在纤维表面形成细微凹坑结构，使面料色泽鲜亮度提高；将异型截面再制成中空纤维，又增加了轻、暖及抗污等性能；两种或者两种以上成分纺制的复合纤维，经过拉伸加热处理，产生永久性卷曲状态，其仿毛效果在柔软性、伸缩性、弹性及手感方面与羊毛相近。

（八）超细纤维面料

1.0dtex 以下的微纤维和 0.3dtex 以下的超细纤维，其线密度远小于常规纤维，也小于棉、毛、丝等天然纤维，这类纤维在纤维生产、织物生产和产品性能等方面与常规纤维有显著的差别，在面料开发中也有特殊性。超细纤维可以制成各种仿真制品及不同特性的织物，也可以与其他纤维混纺、混用。如锦纶、涤纶超细纤维面料，外观细腻、平整，手感柔软；日本最新研制的细旦人造丝纤维，纤维纤度与桑蚕丝相近，制织的织物具有十分逼真的仿真丝效果。

（九）弹性纤维面料

将氨纶、莱卡等纤维与丝、棉、毛、麻、涤纶等纤维进行包缠或者复合，或者对高弹涤纶丝及各种天然纤维进行加工处理，可以开发出各种机织与针织弹性面料。主要有各种弹力牛仔、T/R弹力织物、涤纶（锦纶）/氨纶（莱卡）平布、印花、提花等织物，将弹性织物的应用范围从单一的运动装领域扩展到休闲装、西装和高档时装领域。目前产品已经向外延发展，开发出了棉、毛、丝、麻、合成纤维等复合、交织的弹力面料。

（十）环保型纤维面料

大豆蛋白纤维，是将榨过油的大豆饼中的蛋白质提炼出来，将其纺丝后制得的纤维，其主要特征是手感和外观与真丝和山羊绒接近。特别是将大豆蛋白纤维与真丝、羊毛等其他纤维进行混纺、交织，更能体现其柔软滑爽、悬垂性好、服用性能优良等特性。其他如牛奶纤维材质轻、柔、导湿良好，光泽度高，强度好，适合与丝绸原料组合后进行开发；竹纤维作为最新推出的一种新型天然环保原料，具有消毒抗菌、清新凉爽和经久耐用等优点；Tencel（天丝）纤维具有柔和的触感和适中的弹性，吸湿快干、透气性高、悬垂性好，是一种结合了天然和人造纤维优点的环保型纤维素纤维。

（十一）功能性纤维面料

功能性纤维面料主要是指能传递光、电以及具有吸附、超滤、透析、反渗透、离子交换等特殊功能的纤维。具有吸湿排汗功能的纤维是一种新型聚酯纤维，其原理是利用纤维表面的细微沟槽和孔洞，将肌肤表面排出的湿气与汗水经过芯吸、扩散、传输的作用，瞬间排出体外，使肌肤保持干爽状态。中空保温纤维采用八字形的独断截面，每根纤维都有高度中空部位，能实现保暖、吸湿和柔软触感。抗菌防臭纤维可以阻止细菌的生长，消除尘螨对人体引起的过敏，如用醋酯纤维开发出一种长丝抗菌纱，具有黏胶纤维的所有特性，该纱线与合成纤维或者天然纤维混合，能达到杀菌或抗菌的效果。

第二节　服装面料流行趋势与材质设计

一、服装面料流行趋势

色彩、图案、材质是构成服装面料艺术风格的三大重要因素，缺一不可，其中唯有材质因素既能产生艺术效果又能影响面料性能。在国外，面料设计者除了赋予面料漂亮的色彩和图案之外，还非常注重面料材质机理设计。但是在我国，色彩和图案的艺术效果比较容易被设计者所重视，而对于材质艺术风格设计，则与国外的差距较大，这已经成为国内外面料产品的主要差别之一。

面料的材质风格主要指运用纤维原料、纱线造型、织物结构纹理以及整理后加工工艺，使面料产生诸如平整、凹凸、起皱、闪光、暗淡、粗犷、细腻、柔软、硬挺、厚薄、透、结实、起绒等材质肌理效果。面料的材质肌理虽然没有色彩、图案那样醒目和直观，但是却有其本身独特、含蓄的艺术效果，对服装和室内装饰的风格、造型及性能影响甚大，就像将同种色彩和图案用在不同材料的面料设计中，也会产生不同的视觉效果。

近年来，国外面料流行的材质风格主要有：光、凹凸起皱、薄透、丰厚（呢绒、秋冬面料）、平整、疙瘩粗犷等多种。其中，光：主要由单丝尼龙、扁平状尼龙薄膜、黏胶丝、聚酯丝以及缎纹组织构成，光感较为含蓄；凹凸起皱：主要利用织物组织和线型配合而成，展现不同程度的起皱和立体效应；薄透：由低特纱、低密度配平纹、绞纱或针织网眼组织组成，但是均采用如修剪、绣花等工艺丰富织物表面；丰厚：主要由高特、膨体纱、雪尼尔起绒、组织起绒、圈圈线起绒、拉毛缩绒、磨绒、纱线堆积起绒、绒绒绣花、烂花绒、纬浮长起绒等方法使织物丰满、厚实；平整：主要采用平纹组织、无捻丝或涂层整理使织物表面平整；疙瘩粗犷：主要由花式线和双宫丝构成，织物呈现不同程度的疙瘩效应。还有在机织、针织面料上涂层和轧纹整理的仿皮革，具有较强的光感。

二、服装面料材质风格的设计方法

面料大多是由纤维组成的纱线按照某种结构织成，并根据需要进行了相应的后整理，所以其材质风格与纤维、纱线、组织结构以及后整理等因素紧密相关。

（一）纤维用料设计

纤维原料是面料的根本，不同的纤维成分，对面料的风格、质感及性能的影响极为大。如棉纤维细而柔软，光泽暗淡；麻纤维硬而粗糙，色黄；毛纤维卷曲有弹性，光泽柔和；丝纤维细长、光滑、柔软，光泽优美；化纤单丝挺而透明；金属丝硬而光亮等。各种纤维为面料的材质风格提供了丰富的素材。

一般春夏流行面料的纤维用料依次为：真丝、涤纶、锦纶、棉、黏胶纤维、醋酯纤维、氨纶、麻、腈纶、金属丝等。同时有全真丝、全涤纶、全棉、棉/丝、醋/涤、棉/涤、棉/黏、黏/醋、棉/腈、涤/丝、麻/丝、黏/麻/醋、棉/涤/氨、丝/麻/黏，以及更多种纤维的组合运用。

而秋冬流行面料的纤维用料依次为：锦纶、涤纶、黏胶纤维、羊毛、醋酯纤维、棉、腈纶、真丝、氨纶、金属丝、马海毛、Modal（莫代尔）等。同时有全真丝、全涤纶、全棉、全黏胶纤维以及棉/丝、腈/醋、黏/醋、黏/丝、毛/醋、黏/醋、醋/黏、毛/棉、毛/丝、醋/锦/氨、黏/醋/棉/腈，以及更多种纤维的组合运用。

多种纤维的组合设计在国外已经有多年，它利用多种原料的组合运用，使服装面料具有多种材质的综合效果。

（二）纱线结构设计

纱线结构和造型对服装面料的影响虽然没有色彩直观，但是纱线表面的集合特征，如纤维长度、取向度、聚集密度、弯曲程度、并捻纱的捻度、捻向、并捻速度、规律等造成的波纹、毛羽、光感等效果，对面料的形态和质感的影响非常重要。如短纤纱赋予面料以微弱的粗糙度、一定程度的柔软度及较弱的光泽；长丝由于具有最大的纤维取向度、均匀度和高的聚集密度，使面料具有较好的光泽、透明度和光滑度；而变形长丝赋予织物极大的蓬松性、覆盖性以及柔软的外形；纱线的粗细直接影响织物的厚薄和细腻程度；纱线的加捻不仅使其本身抱紧并产生螺旋状扭曲，其捻度和捻向对织物的光泽、强度、弹性、悬垂性、绉效应、凹凸感都有很大的影响；而不同类别、性能和质感的纤维材料经加捻加工而成的花式纱使织物产生绒圈、绒毛、疙瘩、闪光等形态肌理的视觉效果。

设计面料时不仅应很好地掌握各种纱线的材质肌理，而且应非常重视纱线线型的变化，以强调面料的材质变化。目前，流行面料所采用的主要纱线线型有单纱、股纱、无捻丝、中捻丝、强捻丝、单丝、复丝、氨纶包芯纱、包覆纱、花式色纱（竹节纱、绒球结子纱、圈圈结子纱、雪尼尔纱、圈圈纱、多色混色纱或并合纱、金属丝与尼龙单丝并捻等），秋冬季比春夏季更多使用膨体纱。典型的设计方法有：广泛应用花式

（色）线，使面料表面具有强烈的装饰效果，春夏季流行面料以竹节纱为多，秋冬季以雪尼尔纱为多；在纤维原料设计上，大量使用单丝晶体尼龙做纬纱，可体现纬线的色彩和材质效果，淡化由于经纬交织带来的复合效果，并使面料呈现较为含蓄的光泽；多种线型的组合运用，是目前流行面料的又一大特点，纱线线型的组合运用，使织物材质层次非常丰富且有立体感。

（三）织物组织结构纹理设计

组织结构和织物紧度的设计，赋予面料成千上万种结构纹理和材质风格，如平纹组织平整、朴实、简练；斜纹组织有较为规则的斜向纹理；缎纹组织细腻、光滑，有高紧度的紧密感和低紧度的松透感等。

春夏季节流行面料的组织结构有：平纹、斜纹、缎纹、双层接结、双层填芯层、双层表里换层、泥地、绞纱、经编网眼、经浮、纬浮、重经、重纬；秋冬季节流行面料的组织结构有：双层表里换层、双层接结、重经、重纬、起绒、泥地、绞纱、透孔、经编网眼，以及由基本组合配合经浮、纬浮和正反组织构成的单层提花和条纹等。其中，常用的平纹大多与竹节纱配合，使面料表面产生随机疙瘩效果；斜纹、缎纹分别赋予面料斜向织纹以及细腻光滑的材质风格；各类双层组织的运用主要赋予面料凹凸、起皱、复合、起绒、厚实等材质效果；重组织大多与各类纱线配合，赋予面料多色彩、起绒、隐约闪光以及丰厚材质效果；起绒组织赋予面料起绒效果；绞纱、经编网眼赋予面料透通的材质效果；而纬浮组织除了通常的起花作用外，还用于正面长浮修剪，使面料在透明的地上露出长长的浮线，显得随意、休闲。

（四）面料的再造

新时期对面料的要求往往不只局限于单一的织、绣、印等工艺，尤其在女性化大主题的影响下，在平素、提花纺织面料上再进行印、绣、压皱、轧光、砂洗、涂层、缝贴、修剪等工艺，使面料呈现出丰富的材质风格，这已经成为当今面料的设计特点。

目前，夏季节流行面料的后加工工艺有：印花（普通印花、印银、涂料印花）、绣花（绣各种线条或块面等几何形为多，花卉较少）、订珠片、非织造布或纱线缝贴、压绉、修剪、涂层等；秋冬季节流行面料的后加工工艺有：缩绒、拉毛、压绉、涂层（皮革）、修剪（光面为正面）、多层面料或纱线缝纫复合、纱线黏贴（规则或不规则）、绣花（圈圈绣，长浮刺绣几何）、轧光、轧纹、布块缝贴、印花、印银、缝绣珠片等。

总之，运用多种纤维、多组线型组合，并配置多种工艺，使织物具有丰富、多层次、有趣味性、耐人寻味的材质肌理的艺术效果是面料发展的特点，它使人深感到设计的力度，值得服装设计者进行面料艺术再造时去借鉴和学习。

第三节 服装面料的特性与人的心理

不同的面料具有不同的特征。棉、麻表现自然朴素的风格，纱、蕾丝、花边表现浪漫的风格。天然纤维织物多自然、质朴、单一，化学纤维织物则表现出复杂、多样的风格特征。如人造纤维织物光亮、重垂；涤纶织物硬挺、坚实；腈纶织物丰满、蓬松；锦纶织物暗淡、呆板；提花织物立体感强，缎纹组织光滑感强。

面料的"性格"是人的视觉和情感的反映，因此在进行服装面料艺术再造前，还要掌握不同面料带给人的心理感受。通常来讲，柔软型面料如丝绸、起绒面料具有温柔体贴的表情；起皱型面料如仿麻树皮皱织物具有粗犷豪爽之美；挺爽型面料如精纺毛织物给人以庄重稳定、肃然起敬的印象；透明型面料如乔其纱具有绮丽优雅、朦胧神秘的效果；厚重型面料如银枪大衣呢、双面呢、粗花呢、麦尔登呢有体积感，能产生浑厚稳重的效果；光泽型面料如贡缎、金银织锦容易令人产生华贵、扑朔迷离之感；闪光型面料，如涤纶闪光涂层布，则有轻快、柔弱的感受；绒毛型面料中，有光泽的如金丝绒、天鹅绒，体现华丽、高贵、富贵荣华，无光的如纯棉平绒则显得朴素、沉重、温文尔雅；裘皮雍容华贵，皮革则自然野性。

面料的"性格"和给人的视觉和心理感受对进行服装面料艺术再造有直接影响。表2–1总结了各种服装面料特性与人的感觉的对应，了解这些有助于更好地进行服装面料艺术再造。

表2–1 面料特性与人的感觉

人的感觉	人的特性	面料种类
轻飘与厚重的对比	轻飘	丝绸类、纱类等
	厚重	天鹅绒、平绒、灯芯绒等
厚实与轻薄的对比	厚实	苏格兰呢、大衣呢等粗纺织物
	轻薄	薄网纱、乔其纱等
柔软与坚硬的对比	柔软	东风纱、巴里纱等
	坚硬	皮革、帆布、卡其布、牛仔布等
温暖与凉爽的对比	温暖	棉绒布、长毛绒、麦尔登呢、裘皮等
	凉爽	真丝绸缎、皮革、有金属感的涂层布等

续表

人的感觉	人的特性	面料种类
粗糙与细腻的对比	粗糙	粗麻布、磨毛皮革、各类粗纺花呢等
	细腻	塔夫绸、横贡缎、高支府绸等
平整与皱褶的对比	平整	细平布、电力纺、牛津布、府绸等
	皱褶	双绉、顺纡绉、泡泡纱、热定型绉布等
密实与蓬松的对比	密实	牛仔布、双面华达呢、卡其布、帆布等
	蓬松	毛圈针织物、磨毛绒织物、法兰绒等

第四节　服装面料与服装设计

在进行服装面料艺术再造前，对服装面料与各类服装的适用关系做一些了解非常有必要。无论服装依据什么标准设计，都离不开服装面料；不同的服装类型在选择面料时，要进行一番认真的思考。服装类别与服装面料之间存在相互影响、互相制约的关系。也就是说，服装的类别决定了服装面料选择的差异性，不同的服装面料影响着不同类型服装的风格。

服装类别有多种划分标准，如以不同功能、性别、季节、年龄等标准进行划分。不同类别的服装在选用面料时会有很大的差别，这已经成为人们的共识。如冬季服装一般选择呢、毛等厚重保暖的面料；而夏季服装要用透气性好的轻薄、柔软面料，并重视选择带给人体舒适性的服装面料。又如，运动装多选择弹性、透气性好的面料或针织面料；礼服则对面料的质感要求较高，多采用高贵华丽的丝绸或精致典雅的呢绒；内衣则要求使用柔软舒适的面料等。

在这里强调服装面料与服装设计的关系，其主要原因是：这两者之间的关系对服装面料艺术再造有非常重要的影响。

功能、性别、季节、年龄等众多因素不仅要在进行服装设计和服装面料选择时需要考虑，也要在进行服装面料艺术再造时进行综合考虑。

举例来说，冬装强调御寒保暖，夏装强调通风透气，由于其基本功能不同，在进行服装设计时选择的面料也就各异。在进行服装面料艺术再造时，不仅要考虑选择能发挥面料自身性能特点的方法，还要根据冬装和夏装的基本功能不同，重新定位这些方法。如冬季服装应避免敞开、镂空的方式，而夏季服装也不宜采用过多叠加的方法。通常这样的定位和筛选，实现再造的方法范围会缩小。不同的服装面料有不同的适用范围，这在一定程度上制约了服装面料艺术再造的方法的运用。又如，职业装的总体格调通常侧重于端庄肃穆、平实严谨，强调有别于日常散漫状态的紧张感和使命感，因此在这类服装上通常不会出现大面积的或立体感过强的服装面料艺术再造。运动装，对大多数人来说是表明健身、玩耍等特殊运动状态的特定装束形式，对运动装进行服装面料艺术再造，通常是强调平面的表现，突出其鲜明的运动感。休闲装是人们处于完全放松、闲散的情况下所穿着的服装，可以尝试运用各种手法的服装面料艺术再造。而礼服是在礼仪场合所穿着的服装，通常人们要求礼服设计应追究华丽、典雅、庄重、精致并重的艺术效果。礼服上可以适当体现立体、多层次的面料艺术再造。从服装的功能的角度讲，休闲装和礼服是服装面料艺术再造的主体。

从适用场合的角度讲，用于社交场合的服装面料艺术再造讲求新颖、华丽，可作适当的夸张；用于职业场合的服装面料艺术再造需要简洁、严谨；休闲场合的服装面料艺术再造可以活泼、明快；而居家场合的服装面料艺术再造则追求自我、放松。

总的来说，不同的服装类型都有各自适合的面料艺术再造，这是由服装的使用规定和面料自身的性质双重因素共同决定的，这双重因素已得到人们的普遍认可。因此掌握服装面料与服装设计的关系，对服装面料艺术再造有很大的指导意义。

第五节　面料多元化与创意服装

一、面料多元化的历史及分类

（一）面料多元化的历史

服装面料的发展经历了漫长的演变过程，从最早的直接运用原材料蔽体到开始运用纤维材料进行加工纺织，这一时期更多地考虑到的是其实用性。而通过人类的智慧进一步发展出不再仅限于功能性的面料，为了满足审美化的需求，从而开始创造出增加美观度的服装及面料，并且逐渐从单一的美化形式向多元化的方向发展。

（1）我国面料多元化的历史

面料多元化的发展要待到工艺和材质的发展相对具有多样性和复杂性之后，才会逐渐发展起来。而运用相对成熟的单一工艺进行装饰面料，早在殷商早期就已经出现，并且运用这种单一的刺绣工艺进行面料的装饰是这一时期王权地位的象征。如中国古代帝王专用的十二章纹就是运用刺绣手法实现的面料再造。

在秦汉时期出现了很多的工艺，这些工艺大多用来美化和加工服饰的纹样，包括织、绣、印、绘等技术。而东汉时期还出现了褶裥工艺，使面料出现了立体化的创新。除此之外，这一时期的极少数工匠还掌握了能够将金银箔这些材料捻入丝线等纤维中的技法，给面料的多元化提供了发展的雏形。

到了唐代，东西方的文化在这一时期进行着频繁的交汇和融合，蜡缬、夹缬、绞缬、拓印类的工艺得以出现，丰富了面料的制作工艺。这一时期还出现了在襦的领口、袖口处进行不同面料的拼接，将拼接与彩金纹绘结合使面料的多元化得以发展与运用。

宋代至明代的发展，专注在刺绣和褶皱的工艺上。水田衣是源于唐代兴于明代的一种服装，将各色织锦拼接缝合在一个平面上，最初是由于百姓家中拮据于是用大小不一的布块拼接成衣服，但其极为丰富和强烈的视觉效果将服装衬托得更为美观，并且不断被美化和改造，形成了拼接的面料改造手法，这种拼接的手法与刺绣在视觉上的感受是不同的。直到清代，可以明显地看出服装所表现出的丰富的装饰感，并且还会在处理形态上呈现半立体的浮雕式的造型。清代服装在装饰上的另一突出特点是"镶滚"，就是在衣服领口、袖口、襟边、下摆、侧开衩的边缘加入或宽或窄的饰边，从三镶三滚、五镶五滚乃至十八镶滚。打纵向的顺风细桐是清代汉族女子裙装最为明显的装饰手法，清代的"马面裙"，与百裥裙相区别的是其前面有一片平幅裙背，两侧打褶裥，褶子细密，有多至百褶的，褶为两头固定死褶，马面裙褶间还有镶边，裙门和裙背的马面加以各种绣花纹饰。这一时期的工艺还包括盘金绣、钉绣等绣法，以及流苏、绳编工艺和各种材质的镶嵌，例如宝石、珊瑚、珍珠、玉等珍贵材料的运用使得服装更加丰富。

（2）西方面料多元化的历史

西方的服装发展有别于中国的服装发展，他们更多的是关注于人体的线条和空间的使用。在古希腊、古罗马时期的服装主要以悬垂的形式表现，这便是西方褶皱形成的最初状态。包括古埃及时期发明的有规则的褶裥腰衣，都是以单一的褶皱形式出现的。

在中世纪的拜占庭帝国时期，服装上开始运用华丽的刺绣工艺，并在服装的袖口、领口处这些重要部位镶嵌宝石和珍珠，并且将金银线缝缀成凸纹装饰，这一时代已经开始逐渐擅长将面料的多元化融入服装中进行装饰了。

11至12世纪的罗马时期，出现了纵向的细褶工艺，同时，刺绣和饰带也在袖口、领口处进行着美化装饰，多元化的面料也随着材料和工艺的发展而逐渐丰富起来。

到14世纪，工艺上出现了全新的剪切手法，这同样也是服装史上的新突破。服装的造型开始通过剪切变得更加具有立体感。此时出现了一种剪口装饰的手法，将华丽的外衣袖口有规律地剪开，使得衬里或素色的内衣可以从剪开处露出来，与外衣的丰富装饰形成鲜明的对比。这一具有历史意义的创新手法，将面料的丰富运用和繁简的视觉对比充分地表达，这一时期的面料多元化与裁剪工艺也发展到了一个新的阶段。

再往后的文艺复兴时期，是一个面料极其富丽堂皇，种类数不胜数，花边装饰和各种珠饰遍布全身的面料多元化运用的时期。毛皮镶边、抽纵、折叠的工艺运用，使服装的面料更加具有立体化的形态。包括在服装的面料上进行裂缝的处理，与之前的剪切处理一样，成为具有突破性的装饰性极强的工艺手法。霍尔拜因在《妓院的女人》画作中的人物服装就运用了裂缝的服装。

17世纪的巴洛克时期相较于之前的历史而言，是一个在面料的多元化甚至对于整个服装和艺术史而言具有里程碑式的充满创造力的时期。这一时期为了充分展现巴洛克式的艺术风格，在面料的外观装饰上运用堆积的手法，将大量的缎带、花边、纽扣、刺绣品和羽毛等材料加工到服装面料上，并且将绸缎一类的面料运用打结等形式进行了再造，形成更为丰富多样的面料立体化形态。

到了18世纪的洛可可时期，面料的多元化和复杂化又迎来了顶峰时期。这一时期的服装面料不仅在立体的装饰上延续了巴洛克时期的打结处理手法，而且将面料进行了多层次的细褶处理，形成了具有强烈视觉冲击力的花边。画家布歇为蓬巴杜夫人画的肖像中，便清晰再现了当时上流社会的服装样式，运用到了形式感强烈的褶皱装饰，袖口处还有的金属镶边以及五彩的透孔丝边的花边以及一些现代蕾丝的边饰极富视觉冲击力。在材质的运用上，这一时期也喜好用一些反光性强的面料，包括花边、缨穗、金属亮片等材料的丰富运用，也都体现了面料的多元化，表现出了与这一时期相符的艺术风格与艺术主张。

（3）中西方面料多元化历史发展的异同

对中西方的面料历史进行分析发现，面料的多元化在中西方的历史发展中存在着很大的差异，并且通过不断的历史推进朝着两个不同的方向发展，但是也存在着相同之处。

中西方面料多元化历史发展的差异：

首先，中西方在对于服装和面料的审美上就存在着许多差异。中国的服装发展偏重于对面料纹样的研究，而在服装结构上则是以平面的结构为主，基本的工艺方法、材质的选择都是根据纹样的需求和变化进行发展的，这样的服装及面料展示的是中国内敛含蓄的、崇尚王权和阶级性质的文化特征，并且服装面料偏重于以"寓意"为主。这也使得面料的多元化发展围绕着纹样的装饰才有所丰富。

而西方的面料则强调造型之美和立体化的空间感，包括装饰面料的各种技法，也都是为了达到立体化的效果，从而丰富服装的面料和造型，使服装产生华丽繁复和夸张的视觉感受，这种视觉感受正好是与中国的含蓄内敛相反的。所以西方的面料多元化在注重造型和立体化空间的历史趋势下得到了极大的丰富与发展。

中西方面料多元化历史发展的共同特征：

在共同性的总结上，其实也是整个人类和社会文化发展的必然性所造就的。在物质基础丰富的时代，人类或者是上层阶级的人们对于精神和审美的需求就会增加，所以关注的重点便从基本的生活需求转向具有审美价值的艺术追求。并且文化的融合与科技的进步都能促进社会和艺术的多元化发展，这也是中西方的面料多元化发展的基础和共同性。

（4）面料多元化历史对现代面料发展的影响

通过研究和概括中西方面料的多元化发展历史，归纳和总结了中西方面料多元化的历史发展异同，对于现代面料的发展同样具有一定的影响。从历史中可以看出面料多元化的发展已经成为一种趋势，这是面料材料的丰富和加工工艺的发展带来的一种必然结果。但是针对历史上面料的发展，还是基于实用性的，面料的装饰性也都是服务于服装本身的，当历史发展到一定阶段之后，我们可以看出服装开始强调艺术性的表现，但是纯粹的艺术思维的创意服装却无法有所发展。而现代对于面料的多元化和对创意服装的艺术性，应该超越单纯的服装界限，从艺术的角度和跨界的角度去探寻面料的多元化发展。

（二）面料多元化的分类

笔者将面料的再造分为了运用单一元素进行面料再造和运用多种元素的面料再造两种形式。针对本节的面料多元化研究，着重于分析多元化的面料再造分类，不同于传统的单一性研究，将面料的多元化归类于平面的形态和立体的形态两种，并进行工艺和材料方面的相关说明。

（1）平面形态的面料多元化

平面形态的面料多元化是将面料的材质和工艺的种类进行了多元化再造的基础之上所表现出来的平面维度上的呈现效果，也就是一种二维平面的面料再造。

平面形态中材质的多元化。就平面的形态而言，在材质上也并没有多大的局限性，在面料的再造后构成平面的形态或本身就是以平面形态中继续改造的，只要最后都是以平面的形式展现的，我们都可以将它运用进来。这样的材料包括以下几个种类：

①原料类:这一类的材料包括了织物形成之前的纤维原料，如棉、麻、丝、毛等，它们可以通过工艺运用于平面化的面料再造上。

②传统面料类：传统面料品种就数不胜数了，各种针织面料、梭织面料、混纺面

料基本上都是以平面的形式表现的，如棉布、丝绸、混纺布、尼织物等。

③反光面料：这一类的面料表现力特别抢眼，在一次设计中就将带有反光性的材料结合到了其他纤维中进行纺织，于是就出现了反光的效果，如荧光面料、丝光面料等。

④新型材料类：技术的进步，会促使新型材料和面料不断被开发，这一类织物也有无限的潜能，如可以通电以及发光的智能材料。侯赛因·卡拉扬在秋冬的新品服装发布会上就发布了这一款科技服装，在服装面料中加入了一个光显示系统，使得织物能够变换不同的图案。如今这种类似的技术还在不断的升级改造中，并且有设计师将这种光显系统连接到手机上，使得图案的变化更加灵活多样。

平面形态中工艺的多元化。工艺是在面料的基础之上进行的美化加工方式，多元化形成的面料再造成品的平面形态有以下几种工艺类型：

①印染：印染工艺是指在面料上经过印花、染色的手法，使面料改变了本身的色彩与花纹图案，呈现出一种新的面料。这种手法虽然看似多用于面料的一次设计中，用来改变织物最初的色彩，从而使面料在色彩纹样上出现丰富的变化。而在面料二次设计即再造中进行印染的处理，包括一些创意性的手法进行染色的成果，都是充满了机遇性和创造性的。传统的印染手法有蜡染、扎染、夹染等。

但是现在的设计师对印染工艺在平面形态上有新的尝试，例如麦昆在春夏的新品发布会现场对模特身上的白裙进行喷绘染色，将黑色和黄色的颜料通过机器喷出，模特在舞台中间旋转，使身上的服装随机染上了独一无二的样式，瞬间充满了表现力。

②拼接：拼接工艺是用各种不同色彩、纹样、材质、形状的面料，通过缝制的方法连接到一起，形成各种不同造型的工艺手法。这种改造方法，可以使面料的表现力更加丰富，同时各种面料的混搭也会形成不同的表现风格。

③做旧：面料做旧，其实也是一种较为常见的再造方式，并且是可以进行批量化生产的一种工艺。这种再造方式多用于牛仔布料这样比较结实的面料上，利用水洗、沙洗、化学的试剂腐蚀、砂纸打磨等方式，将全新的面料改变成有一定历史感的样式。

④毡化：毡化的面料是用各种毛类的原料进行的工艺制作，但比较常见的还是羊毛的毡化工艺。毡化工艺也分两种类型，针毡和湿毡。针毡是用专业的长针将羊毛反复的戳制，形成一个平面或者与面料融合，一般来说针毡常用于呢料一类较为厚重的纺织类面料上，更加有利于针毡的戳制，并且通过工艺制作形成的随意性与纺织面料的规律性形成强烈的对比。湿毡则需要配合水和肥皂，经过反复的揉搓形成的面料，一种没有经过纺织的面料形态。

⑤传统刺绣：传统刺绣是通过用彩色的丝线、棉线等材料在各种面料上进行的多样化的针法绣制工艺，可以在面料上形成不同的图案纹样进行面料的装饰。后来还发

展为运用金属材料线进行绣制，使面料表面纹样变得更加丰富，更有光泽度。在刺绣的运用中纹样也由传统的纹样发展为更加抽象和具有艺术性的各种图案。

平面形态下的面料多元化是将两种以上的材质或者工艺进行加工形成平面化的面料形态，在这一形态下的面料表面会呈现出丰富的色彩纹样和质感。通过以上材质与工艺的简述，列举了面料再造形成平面形态的多种方法，相较于种类单一元素面料再造运用来说，这种通过多元化方式形成的面料在表现形式上着实丰富了很多。

（2）立体形态的面料多元化

立体化形态的提出是在平面形态的基础上发展而来的，将面料的再造由二维的视觉维度发展到了三维的视觉维度上。而面料的多元化同样也是太多材质和工艺的多元化运用将面料再造以有高度和体积感的形式呈现出来。这里的立体形态包括了微浮雕式的和完全立体式两种形态。

立体形态的材质多元化。在材质的运用上，由于不用考虑到平面形态的限制，可以运用的材料就更加丰富多样化了，不仅限于传统的材料和纤维纺织面料，而且更有本身就具有立体特性的材料和非纺织类的材料都能够加以运用，使得可用材质的范围无限扩大。

①纤维材质：纤维类的材质包括了之前的平面形态中所提及的各种动植物的纤维材料所构成的平面材料，除此之外，还将毛线、皮草等这一类带有立体形态的纤维材质纳入其中。

将纤维材质的原材料进行纺织形成的面料，也被纳入了纤维材质中，除了之前所说的传统平面面料之外，还有很多本身就具有褶皱立体肌理的面料，定型褶布以及泡泡纱、疙瘩织物等具有一定立体形态的面料也被加入进来，运用的纤维材质范围被扩大。

②非纺织类材质：非纺织类的材质分为天然材质和非天然材质。在天然材质中能运用到面料再造的材质就很丰富了，如贝壳、珍珠、羽毛、木材、矿物质等这些来自大自然的美好素材，能够给面料的再造提供更多的灵感，丰富面料装饰。除此之外还有非天然的材质，这些材质经过加工后，同样给面料再造创造了更多的可能性，如金属材质、玻璃制品、塑料甚至是各种跨界的原材料或是成品。

③新型科技材质：新型科技材质是时代的产物，如今的新型科技材质不仅能使面料更加具有丰富性和科技性，还能将指令传达到面料上，通过手机发出指令形成智能化的材料。

立体形态的工艺多元化。立体形态的工艺种类比平面形态的工艺种类还要丰富，通过工艺的不同表现方法，将工艺分成了面料本身的立体化工艺、加法的立体化工艺、减法的立体化工艺和钩编织类的工艺四种。

①面料本身立体化工艺：面料本身的立体化工艺，是对原有的平面面料通过外力对面料进行改造的工艺手法，其中最具有代表性的工艺就是褶皱工艺。

褶皱：褶皱工艺在中西服装历史上出现的很早，在少数民族地区有很多运用到这种工艺的面料制作服装。褶皱是面料通过外力的缩缝和抽褶或是利用机器对面料进行高温永久性的压褶，使面料的形态发生改变，成为具有立体形态的面料。褶皱的种类分为很多种，有通过手缝而形成的手缝褶皱，这种褶皱的面料外观会形成微浮雕式的立体形态，这一类的褶皱在面料再造中表现了千变万化的装饰手法；除此之外还有经过机器处理的褶皱，具有一定的定型作用，从而达到立体化的装饰目的。

破坏撕扯：破坏撕扯也是对于面料本身的一种加工工艺，这种工艺是对面料本身形态的破坏性加工，使面料造成一种粗犷的表现效果，通过对面料的剪、挑、撕等手法进行再造，表现出极具个性的随意性强的工艺手法。

②加法立体化工艺：加法立体化工艺应该是在空间上很好构成的一种立体化的工艺方式，通过立体材质进行刺绣、镶嵌、堆积、拼接、缠绕等各种工艺手法，使面料的立体造型和表现力更为丰富。

刺绣：这里的工艺手法又提到了刺绣，不同于传统的工艺手法，只限于用各种色彩的丝线进行绣制，绣于面料上时形成的是立体的样式，比如缎带绣用缎带代替丝线，可以在面料上展示出立体的花朵样式。还有珠绣，用各种材质的装饰串珠、亮片组合运用在一起，形成立体化的表面装饰。

镶嵌：镶嵌工艺一般是用于珠宝的加工制造，但是在历史上也有运用镶嵌的工艺进行面料的加工工艺的，在面料上的镶嵌材料，由最初的镶嵌珍珠、宝石到现在镶嵌水钻以及用塑料等有光泽度的材料代替珍贵的宝石点缀服装。

堆积：顾名思义，堆积工艺就是将各种材料进行的堆积加工，把各种不同效果的不同材质的材料通过某种规律或者混乱的堆积，形成的强烈视觉效果和空间效果。

拼接：拼接的工艺用于立体的形态，将无局限性的面料进行拼接，可以产生很多意想不到的对比效果，也可以将再造的面料进行拼接，使效果更为丰富。

缠绕：缠绕工艺与堆积工艺有一点相近，是通过缠绕的形式将多种材料进行重叠变形，形成丰富立体的外貌。

③减法立体化工艺：减法立体化工艺在立体化的程度上不会有加法那么高，可能只是相对于平面的面料而言，多了一些起伏变化，但是在工艺的表现上，还是很丰富美观的。

抽纱：抽纱工艺是指在原始的经纬纱向的织物上，将经纱或者纬纱抽离而形成的服装表面肌理，有抽丝、雕镂、挖旁布等工艺技法。

镂空：镂空的方式是将面料在原有的肌理和状态下进行一个破坏性的工艺方式，

例如烧制，利用火柴在面料上烧出大小不同的孔洞，或是化学腐蚀，也是利用腐蚀将面料的形态破坏。还有剪切等最基本的镂空工艺运用到创意服装上的立体效果也很强烈。

④钩编织立体化工艺：钩编织类的工艺有钩针、针织、梭织等，这一类的工艺都是将或粗或细的线型材料进行工艺加工，形成一整块面料，在加工过程中运用不同的技法，使成品变得多样化。这类成品具有一定的空间化肌理效果，并且可以任意改造，有良好的可塑性和美观性。例如蕾丝工艺就是通过这类形式表现出来的。

以上工艺和材质的介绍，相对来说还有不全面的地方，还有很多设计师和艺术家在不断地创造和更新着这些元素。但就立体形态下的面料多元化而言，在材质和工艺的运用上，比平面形态的面料更为丰富一些，在对于空间的运用上所呈现出的冲击力也是很强的。这种通过各种材料、各种工艺创造出来的面料再造效果正是对面料多元化的完美诠释。

二、面料多元化在创意服装中的设计方法及表现形式

（一）面料多元化在创意服装中的设计方法

在创意服装与面料多元化的设计关系中，二者是相辅相成的，通过面料的多元化能够让创意服装在表现上更丰富，而创意服装也能带给面料的多元化创新更多的灵感和创新性。所以在设计的方法上，分别从整体到局部的设计方法和局部到整体的设计方法进行辩证的分析。

（1）由整体到局部的设计方法

从创意服装的设计之初就遵循从灵感来源入手，例如设计师经常会用到的仿生设计手法，从自然世界中的动植物到人文世界中的建筑物工艺产品中获得灵感，通过各种艺术与思想的跨界交融，将创意服装的基本设计理念和灵感来源提炼出来，并逐一通过对造型、色彩和材料的深入分析，得到最适合整个创意的元素。瑞典时尚设计师桑德拉·贝克兰德就如同建筑师一般地雕琢每一件自己的服装，他的 InkBlot 系列的灵感就来源于名为 Rorscharch 的心理测验，这是一款由瑞士精神科医生 H. 罗夏于1921 年首创的一种墨水污渍图的心理测试。

在从整体到局部的设计中，设计师的关注点是创意服装，而面料的多元化是为创意服装服务的。在这一过程中，面料的多元化设计灵感与创意服装的设计灵感是存在一致性的，通过从创意服装要表达的艺术语言来判定材料和工艺的运用或者搭配运用方式，就需要设计师掌握大量的信息，来判断何种选择是最好的表达方式，能够使创

意服装的设计精髓被完美诠释。

（2）由局部到整体的设计方法

与上一种方法相反的设计方法，是根据不同的多元化面料所表现的不同风格特征，来权衡如何在创意服装上表现。这种从局部到整体的设计方法，从一开始并没有将设计思路明确化，没有固定的设计主题或设计思想，只是单单从面料的多元化入手，运用发散的思维方式激发设计师的创作灵感。传奇设计师迪奥先生曾说过："我的许多设计构思仅仅来自织物的启迪"。也就是说从面料的局部出发，来进行面料特征的考量，再通过相应的多元化结合，形成丰富的面料表现形式，而这些表现能够提供给设计师创意服装的灵感，进而使得创意服装被创造出来。这样得出的面料多元化也是具有丰富视觉效果并且在创意服装中以主要的形式呈现的。不同于上一种的设计方法还会考虑到对服装设计思想的权衡，从局部到整体，就可以让面料成为这一设计的最突出之处。

无论是哪种设计方式，也都是围绕着服装的三大要素来进行的，而多元化的面料与造型、色彩的关系也是相互影响、相互弥补的，并且这些设计方式对设计师的要求是很严格的，不仅要了解和熟悉各种材料的性质和各种工艺方法的运用，还要对设计有自己的想法，只有这样才能在设计中得到很出色的成果，这样的创意性服装对设计师对于创意服装各种元素的认知有着极高的要求。

（二）面料多元化在创意服装中的表现形式

面料的多样化在创意服装中的表现形式是多种多样的，但是这一切的表现形式还是遵循着形式美的法则进行着美学规律性的统一调配。根据创意服装的不同特性要求，面料的多样化在材质和工艺的处理上也要通过形式美的法则进行调配。

（1）对比与统一

在创意服装的设计中，运用到两种以上的元素进行设计，就会产生对比和统一的关系。对比就是把不同的质感、不同色彩、不同体量、不同形状的设计元素放在一个设计中，形成相互比较的关系，用来突出或强调各自的特性。对比效果的目的是强调所运用的设计元素各部分之间的差异，以此种方式来增强差异所带来的冲击感形成独特的艺术魅力。这样的对比会通过面料的多元化中材料与工艺的选择而出现不同的对比效果，出现在创意服装上同样会有不同的表现。

创意服装在廓形上、颜色上和材质上运用了对比的手法进行创作，首先廓形将两侧的袖子处做了很夸张的茧型造型，将人体以细长的形式表现，在体积上做出了明显的对比显示出了不同的量感。在色彩上，将人体中心用明艳的黄色与沉重的黑色进行对比。在材质的运用上，同样是将厚重的长毛纤维与轻薄的纱织物进行对比，并且将薄纱用两种不同的形式表现，呈现出相同材料下平面和立体两种质感的对比。这样的对比方式的运用，很明显的让观者能够感受到设计师想强调的服装效果，通过各方面的对比让服装产生了强烈的冲击感。

统一则是将相互对立的元素通过相同或相似的设计元素结合使冲突减弱，同样能够增加创意服装及多元化面料的艺术效果。通过将两种对比的元素进行统一调和，用某种过渡的方式寻求到对立元素的共同点，逐渐过渡形成统一的、协调的表现形式。

（2）节奏与韵律

节奏是通过规律性的反复出现某一种形式的表达，使人们的视线产生一种规律性的运动感。通过面料的多元化的秩序变化，从而使得面料本身显现出不同质感的节奏规律。不同质感的节奏变化也会带给人不同的心理感受，比如直线型的变化是一种硬朗利落的感受，重复的曲线则表现出柔美的感受，放射状的排列则会出现一种律动和光感的效果。并且通过立体化的设计，会使表现形式更加丰富。

韵律其实也是一种相对来说有规律性的变化方式，强调的是整体服装上或者在面料的多元化运用中的和谐。韵律与节奏一样，会通过一些规律性的运用产生视觉错觉，从而表现出丰富的视觉感受，并且能够利用这样的关系来强调视觉关注点。

（3）对称与平衡

对称是指通过某一个轴线两端所形成的相同的配比形式。在面料的多元化和创意服装的设计中都可能会用到对称形式，左右对称、斜角对称、多方对称、平移对称等等，通过这些对称方式使焦点聚集，突出中心，进而产生一种规律感。

与之相反的是随意性的表现方式，通过不对称的设计则会产生具有随意性、创造性、律动性的效果。平衡便是一种不具对称性的效果，通过不同的配比设计，使得不对称的设计能够和谐地呈现的一种表现形式。在面料的多元化设计中将元素以不同大小多少、空间的高低起伏、质感的轻重厚薄进行恰当的配置，同样能够均衡地出现在创意服装中。

以上便是面料的多元化运用和创意服装的设计都会考虑到的形式美法则。然而在设计与运用中，运用形式美法则和突破形式美法则的表现形式，都是设计师需要考虑到的。局部的突破或是整体的突破所带来的视觉冲击和感官享受是不一样的。这种违背常规的设计，旨在强调设计师作品的设计感和创造性，使得设计的原创性和突破性得以更好地发挥出来。

三、面料多元化在创意服装中应用的作用与意义

（一）增强创意服装的感官享受

面料多元化在创意服装中的运用最重要的作用是增强感官的享受，相对于传统的面料和平面化的面料再造来说，立体形态的面料多元化运用到创意服装中的感官享受是最丰富多样的。

视觉享受：视觉享受肯定是首位的，在对事物的观察中，我们一开始便是通过视觉来认知，所以创意服装的魅力是通过视觉来带给人们艺术效果的。针对传统面料再造来说，通过视觉可以感受到面料的色彩、纹样、图案上的美化效果，而立体形态的多元化面料则可以展示出不同材质不同工艺的混合形成的各种对比效果，还包括一些新型面料产生的科技感十足的光感艺术，从而给人们带来面料多元化产生的视觉冲击。总之，创意服装从整体的视觉冲击力和多元化面料运用的特殊形式以及造型和色彩这些方面，都会增强服装视觉的感官享受。

触觉享受：人们通过手或者肌肤所能感觉到的面料多元化所带来的享受。在这一感官享受中，不同于视觉享受是通过创意服装的整个造型、色彩和面料全方位的展示，触觉的享受只能从面料的多元化中获得。传统的平面化的面料，在触觉上只能感受到面料本身的特性，而立体形态的面料多元化则是将触感提升到一定的空间范围内，使感受者能够通过触摸感受到十分明显的有序或无序的强烈或微弱的起伏感。多元化面料运用的不同材质，能够使金属的强硬质感和棉毛类的柔软一起表现在统一范围的面料上；运用不同的工艺也可能会触摸到同一种材质的不同肌理触感。无论是冰冷或温暖，无论是粗糙或细腻，无论是紧密或透气，都是不同的多元化面料所传达的触觉肌理感受。

听觉享受：听觉享受是通过人的听觉系统去感受多元化的面料。很少在面料再造的分析中提到听觉感官的享受，但其实这种感官的感受也是存在的。例如在我国的少数民族中，就有把大量的银饰装饰在面料上，进而能听到金属碰撞的声音，或是一些面料的缀饰会使用的一些材料相互碰撞摩擦发出声音。这些能够从声音中传达的节奏和韵律，也传达出了服装的设计思想，让面料的多元化中考虑到传声的一面，更能增强创意服装的艺术形式。

从感官上的视觉、触觉、听觉的方面来考量和欣赏创意服装，不再局限在平面的单一的视觉审美享受上，让多元化的面料和创意服装满足人们全方位的感受，能更大程度地提高艺术的冲击力和影响力，从而能够更加喜爱和了解创意服装。

（二）强化创意服装的艺术风格和文化价值

考虑到了创意服装中所呈现的艺术风格，所以在面料多元化的运用中，也会通过相应的艺术风格来运用和搭配所有的材质和工艺，从而达到符合某种艺术风格创意服装。而艺术风格也是多种多样的，不同的艺术风格也会通过设计作品传达出相应的设计思想，例如在超现实主义风格的服装中，艺术家强调"精神的自动性"，提倡一切非逻辑性，非自然合理性的存在，所以在服装设计中，设计师通过各种主张来表达这种梦境与现实混乱的矛盾冲突。创意服装同样也考虑到了这些艺术风格和人文价值，设计和运用中，通过各种方式向人们传达着设计师自己对艺术的理解。

面料的多元化在创意服装上的运用，能够丰富设计师对于服装本身艺术风格的诠释。除此之外，创意服装所拥有的设计内涵、艺术表现和文化价值，也能够通过各方面的展示，让人们在欣赏的过程中，通过服装和多元化的面料来认识与艺术相关的更多信息。

（三）增加创意服装的原创性

在服装设计之初，需要满足的条件有很多，然而创意服装减少了单纯的服装设计所必要的一些条件，这就使得创意服装的设计可以更加大胆创新。同样在面料多元化的运用中，也由于运用范围的广泛，使得能够运用搭配的元素范围扩大，通过实验性质的组合使多元化的运用成果极其丰富和意想不到，这同样也给创意服装的设计提供了灵感，使得设计师的创意变得更加天马行空，具有原创性。同样地也要求设计师有丰富的艺术内涵，运用各种跨界的元素混搭，形成自己的设计风格。

（四）意义

无论是创意服装的发展，或是面料再造的发展，都离不开多元化的设计思想，从材质和工艺的多元化，到创意服装艺术风格的多元化，到传达的感官效果的多元化、设计中表达的文化价值的多元化，都能够说明这一发展趋势，而在设计师的设计中也要顺应这种多元化的发展趋势，从而能够得到意想不到的成果。

对于面料的多元化研究，有助于使设计师注重材料、工艺的继承和创新，关注点向艺术性和跨界的方向发展，从而激发设计师的创意灵感，增加设计的原创性，提高设计师的艺术内涵和服装的美学品质。运用多元化结合的设计方法，能够探寻多元化的面料的全新风貌，追求面料外观的全新塑造，对新型面料的开发具有指导意义，使创意服装的表达形式愈发的多元化和丰富化，让服装呈现出更多的艺术性和文化价值，让欣赏者能够从创意服装的展示中体会到设计师的设计思想和服装的艺术内涵，从触觉、视觉、听觉的全方位感官享受到服装所带来的艺术影响力。

通过对上述创意服装的多元化面料再造的认识和研究，可以发现面料再造在多元化和立体化中有无限的变化和可能性，而这些丰富的想象力和创造力，是源于设计师对艺术和跨界思维的融合、培养和挑战。而设计师就是在不断的尝试中得到更加新颖的服装面料。在创意服装的面料运用中，想象可以更加天马行空，但是最终的落脚点还是使大众都可以受用，所以再下一步需要考虑的问题便是如何将已经创造出来的面料进一步稳定，使之能够转化成为能批量化达到一定实用性的服装面料，而如何能够克服材料的不稳定性就是接下来更加具有挑战性的问题。

服装的面料设计是服装产业的上游设计，在以上的各种案例中，大多数的案例都是出自国外的设计师，而国内的多元化和立体化面料再造成果并不是特别显著，这也激励着国内的设计师充分展现匠人精神去开发和创造不同的面料。

第三章　服装面料再造的原则

第一节　服装面料再造的设计程序

服装面料艺术再造的设计程序通常分为构思和表达两部分。构思是指服装设计者在设计之前，在头脑中对设计主体进行思考、酝酿和规划的过程；表达是设计师通过造型技巧，将思想中孕育的艺术形象转化为服装面料艺术再造作品的物化过程。

一、服装面料艺术再造的设计构思

设计构思是一种十分活跃的思维活动，这种思维活动可以是清楚的、有意识的，也可能是下意识的、不清楚的。构思通常需要经过一段时间的思想酝酿而逐渐形成，也可能由某一方面的触发而激起灵感，突然产生。不论构思的来临是渐进的或是突发的，都不能仅仅靠冥思苦想而获得。一般来讲，构思要经过三个阶段：观察、想象和灵感。好的构思要具备三个条件：细致观察、丰富的想象与灵感。尤其是，服装面料艺术再造的设计活动是一项内在的思维活动，由于各人的生活不同，工作经验有别，审美情趣和时尚感悟力也不一样，因此，需要善于观察。在自然界与人类社会生活中观察、体验是构思活动的基本条件和第一阶段。好的设计师善于在观察中分析与体验，积累实践经验，同时运用所掌握的专业知识技巧，展开丰富的想象，从自然界的花木鸟兽、大溪山川、风云变幻及历史事物和艺术领域中获取灵感，不断深化思维，进而产生最佳的构思。

服装面料艺术再造的构思包括如何选用面料、如何组织构图、如何塑造和表现艺术效果，也包括对着装对象、服装使用功能、使用场合、工艺制作等多方面问题的潜心考虑。只有在确定了明晰的、合乎要求的设计意向之后，才能在整个面料艺术再造的过程中做到心中有数。

一般来说，服装面料艺术再造的构思方法有两种：

（一）明确设计定位，从整体到局部的设计构思方法

这种方法是先明确设计定位，从所要设计的服装的风格、穿着场合、穿着对象等出发考虑所要设计的服装是什么风格的，需用什么样观感的面料来表现，从而选择最适合的面料，并选择相应的服装面料艺术再造的设计方法。这种方法要求服装设计者应掌握大量的"面料信息"，以便于从中选择最合适的面料。

（二）由面料萌发设计灵感，从局部到整体的设计构思方法

与上一种方法不同，这是一种反向的设计方法，是根据面料的服用性能和风格特征，积极运用发散思维，创造出新的服装面料艺术效果。这种从局部到整体的构思方法，最初一般没有明确的设计主题，但往往可以激发设计师的创作灵感和想象力。通常这是一种"多对一"的关系，也就是说从一种面料应该可以发散出许多不同的设计构思，实现一种服装面料艺术再造的多样化表现。例如，设计师曾经结合粗犷的牛仔面料和飘逸的纱质面料，赋予其新的艺术效果。还有很多设计体现着牛仔与其他面料的冲突与融合，如高贵的皮革、轻盈的流苏、浪漫的蕾丝、炫目的珠片都曾运用在牛仔面料上，加上褶皱、镂空、拼接、撕切、喷绘、荧光等处理方式，以及刺绣、印花、拉毛、镶嵌饰物等时尚流行因素，带给服装面料几乎全新的艺术效果。这些新的视觉效果是对原有面料新的诠释，有时甚至是在矛盾中得到统一。

无论以哪种设计思路为出发点，都要考虑处理好服装整体和面料艺术再造局部的关系，同时设计的成功与否也离不开设计者对服装面料的了解认识程度以及运用的熟练性和巧妙性。

二、服装面料艺术再造的表达

服装面料艺术再造的表达包括案头表达和实物制作。案头表达是通过画设计图的方式（通常包括草图和效果图），将设计意图表达在纸上，它是设计者将设计构思变成现实的第一步，根据需要有的还附有文字说明。实物制作是设计者根据自己的设计方案，运用实物材料进行试探性的制作。服装面料艺术再造的实物制作包括对面料的制作和对整件服装的制作。前者用来表达设计者的主要设计思想，而后者可以很好地展现面料艺术再造运用在服装上的整体艺术效果。实物制作具有明显的试探性，通常需要在不同面料小样之间进行反复对比，最终选出令人满意的服装面料艺术再造。

在进行服装面料艺术再造的过程中，这两种制作形式都可以采用，但更应根据需要进行选择，通常案头表达是平面效果的表达，常常采用绘画的形式，要求设计者具

有较好的绘画表现技巧和能力。因为没有具体的实物参照,因此,在表达过程中,要对各材质的质感及形式结构有一定的了解并能充分地展示出来。这种表达形式具存想象力,没有限制,节约成本,对设计者的想象力和表现技能要求较高。实物表达通常是一种立体效果的表现,是运用各种材料直接进行实物制作,其直观性、实验性较强,要求各种材料齐全,设计者面对实物,敢于进行大量的尝试,以达到最佳的艺术效果。这种方法要求设计者在实验过程中,不忘最终目的,不单纯追求效果。

无论是采用哪一种表达方法,设计师都要明确设计目的,遵循基本的设计原则。

第二节　服装面料再造的设计原则

服装面料艺术再造是一个充满综合性思考的艺术创造过程。追求艺术效果的体现是其宗旨,但因其设计主体是人,载体是服装面料,因此在服装面料艺术再造的过程中,首先应遵循以下四条设计原则。

一、体现服装的功能性

这是进行服装面料艺术再造最重要的设计原则。由于服装面料艺术再造从属于服装,因此无论进行怎样的服装面料艺术再造,都要将服装本身的实用功能、穿着对象、适用环境、款式风格等因素考虑在其中,可穿性是检验服装面料艺术再造的根本原则之一。不同于一般的材料创意组合,在整个设计过程中都应以体现和满足服装的功能性为设计原则。

二、体现面料性能和工艺特点

服装面料艺术再造必须根据面料本身及工艺特点,思考艺术效果实现的可行性。各种面料及其工艺制作都有特定的属性和特点。在进行服装面料艺术再造时,应尽量发挥面料及其工艺手法的特长,展示出其最适合的艺术效果。拿剪切手法来说,由于面料的组织结构不同,其边缘脱散性各异,在牛仔布和棉布上剪切的效果就不同。在皮革上剪切不存在脱散现象的发生,而在氨纶汗布上剪切要考虑其方向性。方向不同,产生的效果差别很大,并不是任何方向的剪切都能产生好的艺术效果。又如在丝绸上实施刺绣和在皮革上装饰铆钉,两者所运用的实现手法也不同。

服装面料艺术再造过程受面料性能和工艺特点的影响,因此在设计时需要加以重视。

三、丰富面料表面艺术效果

服装面料艺术再造更多的是在形式单一的现有面料上进行设计。对于如细麻纱、纺绸、巴里纱、缎、绸等本身表面效果变化不大的面料，适合运用褶皱、剪切等方法得到立体效果。而对于本身已经有丰富效果的面料，不一定要进行服装面料艺术再造，以免画蛇添足，影响其原有的风格，因此应有选择地适度再造。

四、实现服装的经济效益

服装面料艺术再造对提高服装的附加值起着至关重要的作用，但也必须清晰地认识到市场的存在和服装的商品属性、经济成本和价格竞争对服装成品的影响。服装设计包括创意类设计和实用类设计两大类。创意类设计重在体现设计师的设计理念和艺术效果，因而应该将服装面料艺术再造的最佳表现效果放在首位（包括对面料的选择），而将是否经济、实用，甚至穿着是否舒适方便等作为次要的考虑因素。但对实用类设计来说，价格成本不得不作为重要的因素进行考虑。进行面料艺术再造时，不仅要考虑到如何适合大众的审美情趣，还要考虑面料选择及面料艺术再造的工业化实现手段，这些在很大程度上决定了服装的成本价格和服装经济效益的实现，因此再造的经济实用性也是设计者在设计创造过程中必须考虑的，应适度借用服装面料艺术再造提高服装产品的附加值。

第三节　服装面料艺术再造的美学法则

服装面料艺术再造属于服装设计的范畴，因此无论是对服装面料艺术效果本身进行再造，还是强调它在服装设计上的运用，都要遵循一般的美学法则。

一、服装面料艺术再造的基本美学规律

美学规律是指形式美的基本规律。掌握了这个规律，才能更好地进行设计。

统一与变化是构成形式美最基本的美学规律。统一的美感是多数人最易感觉到的和最易接受的，在进行服装面料艺术再造时也不例外。统一是指由性质相同或相似的设计元素有机结合在一起，消除孤立和对立，形成一致的或趋向一致的感觉。它分为两种：一是绝对统一，是指各构成元素完全一致所形成的效果，这种形式具有强烈的

秩序感；二是相对统一，是指各构成元素大体一致但又存在一定差异，从而形成整齐但不缺少变化与生机的效果。变化则是指由性质相异的设计元素并置在一起造成的显著对比的感觉，是创造运动感的重要手段。它也分为两类：一是从属变化，是指有一定前提或一定范围的变化，这种形式可取得活泼、醒目之感；二是对比变化，是指各对比元素并置在一起，造成一种强烈冲突的感觉，具有跳跃、不稳定的效果。

在统一与变化关系中，需要坚持两个原则：一是以统一为前提，在统一中找变化；二是以变化为主体，在变化中求统一。在服装面料艺术再造中，艺术再造是变化的主体，服装是统一的前提。因此统一与变化的关系不仅应体现在服装面料艺术再造本身，还应体现在服装整体中。在设计过程中要始终关注面料艺术再造本身的变化统一，同时要兼顾服装面料艺术再造与服装整体之间的统一与变化关系。在设计中，忽视或过分强调服装面料艺术再造的统一与变化，都会造成服装整体的不和谐。只有通过把服装面料艺术再造本身和服装整体有机结合起来，消除孤立和对立，才能使服装整体在某种秩序上产生最佳的统一与变化的艺术效果。

在服装面料艺术再造中，统一与变化不仅包含了面料艺术再造自身的造型、面料运用、色彩运用，还包含它与服装的造型、面料、色彩之间的统一与变化。在设计中始终脱离不了统一与变化这对基本的美学规律。而要想很好地表现统一与变化，还需要有形式美法则的支撑。

二、服装面料艺术再造的形式美法则

服装面料艺术再造在遵循统一与变化的基本美学规律的基础上，还应遵循形式美原则。服装面料艺术再造的形式美法则主要包括对比与调和、节奏与韵律、对称与平衡、比例与分割等。这些法则不仅适用于服装面料艺术再造本身，同样适用于将服装面料艺术再造在服装上的运用。

（一）对比与调和

在设计中只要有两个以上的设计元素就会产生对比或调和的关系。因此这种关系在设计中具有重要地位。

对比是把异形、异色、异质、异量的设计元素并置在一起，形成相互对照，以突出或增强各自特性的形式。对比是一种效果，它的目的在于产生变化、追求差异、强调各部分之间的区别，从而增强艺术魅力。在服装面料艺术再造中，可以对设计元素的一方面进行对比，也可以同时对几方面进行对比，其中质感对比和色彩对比是常见的手法。对比容易形成反差，因此可以采用对比强烈的色彩或不同质感的面料组合来强化服装面料艺术再造的形态。

调和是使相互对立的元素减弱冲突，协调各种不同的元素，进而增加整体艺术效果。调和有两种类型：一是相似调和，是将统一的、相似的因素相结合，给人柔和宁静之感；二是相对调和，是将变化的、相对的元素相结合，是倾向活跃但又有秩序和统一关系的效果。调和是变化趋向统一的结果，但又与"同一"有区别。通过调和，可以产生一种变化又统一的美，不统一的设计是不调和的，没有变化的设计也无所谓调和。调和也可以理解为一种过渡。例如，在服装面料表面从一种形式到另一种立体形式，用一种过渡变形来调和就更容易带给人视觉上的愉悦。在服装面料艺术再造中，对色彩的调和可以通过增加中间色进行过渡；对形状的调和，可以通过使用相同或相似的色彩，或运用相同的装饰手法，或是其他可以使不同的形状之间找到相似点的方法。调和体现着适度的、不矛盾的、不分离、不排斥的相对稳定状态。

（二）节奏与韵律

节奏是指某一形或色有规律地反复出现，引导人的视线有序运动而产生动感，其中包括有规律节奏、无规律节奏、放射性节奏、等级节奏等。它表现为构成元素的有序变化，如大与小、多与少、强与弱、轻与重、虚与实、曲与直、长与短等，也可以表现在面料的色彩节奏、明暗节奏及质感节奏等变化方面。在服装面料艺术再造中，不同的节奏带给人不同的视觉和心理感受。如直线构成的有规律节奏带着男性阳刚之感，重复的曲线通过规律的排列使人联想到女性的轻盈柔美；放射性节奏的运用，可以使服装展现出光感和轻盈感，这种节奏常用在服装的领口或腰下部位；等级性节奏是一种渐变，通过规律的由大变小或由小到大的排列，给人强烈的拉近或推远的错觉。这种节奏形式被运用在服装这种"体"的造型中时，会表现出更为强烈和丰富的视觉效果。

韵律也是有规律的变化，但更强调总体的完整和谐。在服装面料艺术再造中，韵律与节奏有些相似，都是借助形状、色彩、面料、空间的变化来造就一种有规律、有动感的形式。但韵律在节奏的基础上更强调某种主调或情趣的体现，它是节奏更高层次的发展。因此有韵律的服装面料艺术再造一定是有节奏的，但有节奏的服装面料艺术再造未必一定有韵律。在服装面料艺术再造中，有效地把握节奏是体现韵律美的关键。

值得关注的是，节奏和韵律常会带给人们视错觉。视错觉是指人肉眼所看到形成心理与实际物体的差异。运用视错觉可以得到许多意想不到的艺术效果，如两个同样大小的形上下重叠，感觉上面的形略大一点；又如放射状或反复的线有时看似凸形或凹形。同时，视错觉有定位人们视线的作用，服装不同部位的视错觉会吸引人的注意力。对希望强调面部的人来说，可以将设计的重点放在领子的造型上，而对于下肢短的人来说，可以通过提高腰线改变视觉感受。在进行服装面料艺术再造时，应该学会充分利用这些视错觉。

（三）对称与均衡

对称是指设计元素以同形、同色、同量、同距离的方式依一中心点或假想轴做二次、三次或多次的重复配置所构成的形式。在服装面料艺术再造中，可以采用左右对称、斜角对称、多方对称、反转对称、平移对称等方式。对称有时能起到聚集焦点、突出中心的作用。服装面料艺术再造采用的左右对称，大多数时候给人规律对称的感觉。

出于人们对上下或左右对称的视觉和心理惯性，服装经常被设计成对称式，以求给人一种稳定感。然而，过多地在服装面料艺术效果设计中运用对称，可能会陷入一种单调和呆板的境地，这时不对称的设计会以其多变的个性占据上风，于是一个新的法则——均衡被提出。

均衡是在非对称中寻求基本稳定又灵活多变的形式美感。它是指设计元素以异形等量，或同形不等量，或异形不等量的方式自由配置而取得心理和视觉上平衡的一种形式。在服装面料艺术再造中，包括将设计元素进行大小多少、色彩的轻重冷暖、结构的疏密张弛、空间的虚实呼应等的恰当配置。均衡的形式出现在服装上，较之对称形式要明显带有意蕴、变化和运动感。

对称和均衡是服装面料艺术再造求得均衡稳定的一对法则，它符合人们正常视觉习惯和心理需求。

（四）比例与分割

比例是指设计主体的整体与局部、局部与局部之间的尺度或数量关系。通常人们会根据视觉习惯、自身尺度及心理需求来确定设计主体的比例要求，常被广泛使用的比例关系有黄金比例、等差数列、等比数列等。同时在分割形式上又包括水平分割、垂直分割、垂直水平分割、斜线分割、曲线分割、自由分割等。其中黄金分割比被公认为是最美的比例形式，它体现了人们对图形视觉上的审美要求与调和中庸的特点，正好符合标准人体的比例关系，即以人的肚脐为界，上半身长度与下半身长度为黄金比。在实际应用中，以几何作图法很容易得到"黄金比"。以一个平面的图形来说，"黄金比"是指图形的长线段与短线段的比值近似为 $1 : 0.618$。

这些美的比例和分割形式不是绝对的、万能的，在应用过程中还必须根据设计对象的使用功能和多方面因素灵活掌握，既符合实用要求又符合审美习惯的比例才是最美的。

由于人对自身的结构比例十分敏感，肩的宽度、颈的长度、腰的位置等都有一种约定俗成的比例标准，因此服装面料艺术再造的形式、色彩、装饰部位对服装乃至着装者的视觉比例等都有重要影响。从某种角度来讲，服装面料艺术再造是调节比例和分割关系，实现服装总体艺术效果的重要手段。

在进行服装面料艺术再造时，要根据以上因素来思考。无论平面或立体的面料艺术再造都应适合人们习惯的尺度和心理需求，同时服装面料艺术再造自身的局部与整体、局部与局部及它与服装局部和整体之间也要形成一种合理的比例关系，这样才有可能获得美的艺术再造。

以上是服装面料艺术再造的形式美法则。在设计时，既要运用这些法则，也要敢于在这些法则的基础上有所突破。这种突破可以表现为局部突破和整体突破。局部突破是指在主体效果中做"点"的有违形式美法则的设计，但整体上仍反映出良好的艺术视觉效果。整体突破则是完全违背形式美法则，表现为"反常规"设计，旨在体现设计作品的新鲜感和设计者鲜明的设计构思。在服装设计领域，整体突破虽不是设计主流，却被频频运用在时装上而没有被全盘否定，因为这种突破对扩展服装设计者的设计思路有很大的好处。值得强调的是，无论进行怎样的形式美突破，都要与服装的物质特征和功能属性的本质相一致。

第四节　服装面料艺术再造的构成形式

这里提到的服装面料艺术再造的构成形式，既包括服装面料艺术再造本身的构成形式，也包括服装面料艺术再造在服装上的构成形式。其中，再造在服装上的构成形式通常表现出复杂的构成关系，是决定服装面料艺术再造成功与否的关键。这里，根据不同的布局类型，根据服装面料艺术再造在服装上形成的块面大小，将其分为四种类型：点状构成、线状构成、面状构成、综合构成。

一、点状构成

点状构成是指服装面料艺术再造以局部块面或小块面的形式出现在服饰上。一般来说，点状构成最大的特点是活泼。点状构成的大小、明度、位置等都会对服装设计影响至深。通过改变点的形状、色彩、明度、位置、数量、排列，可产生强弱、节奏、均衡和协调等感受。在传统的视觉心理习惯中，小的点状构成，造成的视觉力弱；点状构成变大，视觉力也增强。稍大的明显的点状构成的服装面料艺术再造给人突出的感觉。从点的数量来看，单独一个点状构成起到标明位置、吸引人的注意力的作用，它容易成为人的视线中心，聚拢的点状构成容易使人的视线聚焦，而广布在服装面料上的点状构成会分离人的视线，形成一定的动感体验。

点的组合起到平衡、协调整休，统一休整的作用。由多个不同的点状构成形成的服装面料艺术再造存在于同一服装设计中，它们之间的微妙变化，很容易改变人的心理感受。常规来讲，大小不同的点状构成同时出现在服装上，大的点易形成视觉的主导，小的点起到陪衬作用。但由于不同的位置变化或色彩配合，可由主从关系变化为并列关系，甚至发生根本变化。在进行设计时，首先要明确设计要表现的点在哪里。无论是要表现主从关系，还是等同关系，都应该建立起一种彼此呼应或相对平衡的关系。

在所有的构成形式中，点状构成最灵活，变化性也最强。在服装的关键部位（如颈、肩、下摆等）采用点状构成，可以起到定位的作用。根据设计所要表达的信息，安排和调整点状构成，使其形式、色彩、风格、造型与服装整体相一致。运用点状构成可以造就别致、个性的艺术效果，但在设计中，要适度运用点。点状构成是最基本的设计构成形式。当一系列的点状构成有序排列时，会形成线状构成或面状构成的视觉效果。

二、线状构成

线状构成是指面料艺术再造以局部细长形式呈现于服装之上。线状构成具有很强的长度感、动感和方向性，因此具有丰富的表现力和勾勒轮廓的作用。

线状构成的表现形式有直线、曲线、折线和虚实线。直线是所有线中最简单、最有规律的基本形态，它又包含水平线、垂直线和斜线。服装上的水平线带有稳重和力量感；垂直线常运用于表现修长感的部位，如裤子和裙子上；斜线可表现方向和动感；曲线令人联想到女性的柔美与多情，运用在女装上衣和裙子下摆，容易带给人随意、多变之感；折线则表达着多变和不安定的情绪。

线状构成容易引导人们的视线随之移动。沿服装中心线分布的面料再造对引导人的视线起着至关重要的作用。在服装边缘采用线状构成的面料艺术再造是服装设计中很常见的装饰手法，如在服装的领部、前襟、下摆、袖口、裤缝、裙边等边缘上的面料艺术再造可以很好地展现服装"形"的特征。结合线状构成明确的方向性，可以制造丰富多变的艺术效果。同时，线状构成的数量和宽度影响着人的视觉感受。在面料艺术再造时，根据线状构成的这些特点，结合设计所要表达的意图，可以进行适当的或夸张的表现。

在所有构成类型中，线状构成的服装面料艺术再造最容易契合服装的款式造型结构。同时，线状构成有强化空间形态的划分和界定的作用。运用线状构成对服装进行不同的分割处理，会增加面的内容，形成富有变化、生动的艺术效果。值得注意的是，运用线状构成对服装进行分割时，要注意比例关系的美感。

点状构成和线状构成经常被运用在时装、职业装和休闲装中，或是起到勾勒形态的作用，或是达到强调个性的意图。在女性中年装上也有使用，一则迎合了中年女性希望通过服装休现年轻的心理特征，再则可使服装本身看上去更加典雅与考究。

三、面状构成

面状构成是指服装面料艺术再造被大面积运用在服装上的一种形式。它是点状构成的聚合与扩张，也是线状构成的延展。在服装设计中，面状构成通常会给人"量"的心理感受，具有极强的幅度感和张力感，这一点使之区别于前两种构成形式，因而它与服装的结构紧密结合在一起，其风格很大程度上决定了服装本身的风格。所以在进行服装面料艺术再造时，面状构成从形式、构图到实现方法的运用都需要更细致地考虑，使它与服装款式、风格相协调与融合。

面状构成的形式主要包括几何形和自由形两种。前者具有很强的现代感，后者令人感到轻松自然，传统的扎皱服装常采用后种形式。无论采用哪一种构成，都要注意面的"虚实"关系。在进行"实面"构成设计时，要注意实形构成所产生"虚面"的形式美感，以免因为"虚形"的形式而影响了设计初衷的表达。

相比前两种构成，面状构成更易于表现时装的性格特点，如个性、前卫或华贵，其视觉冲击力较强。在服装上进行面状构成的服装面料艺术再造时，可运用一种或多种表现手法，但要注意彼此的融合和协调，以避免产生视觉上的冲突。

四、综合构成

综合构成是将上述各类型构成综合应用形成面料艺术再造的一种形式。多种构成形式的运用可以使服装展现出更为多变、丰富的艺术效果。点状构成与线状构成同时被运用在面料艺术再造中，会令服装呈现点状构成的活泼和明快的同时，兼有线状构成的精巧与雅致。

值得注意的是，服装一旦被穿在人体上，展现出来的是一个具有三维空间的立体，因此在设计时，需要进行多角度的表现和考虑，而不应只满足表现正面的艺术感染力，还应注意前后侧面综合构成、相互协调，以达到整体的美感。同时也要特别注意面料艺术再造之间及与服装之间的主从、对比关系的处理。

第五节　服装面料艺术再造的设计运用

服装面料艺术再造与服装设计紧密相连，两者不可分割。单纯地进行服装面料艺术再造而忽视服装设计的因素，会使服装面料艺术再造陷入一种简单的艺术形式中。服装面料艺术再造不仅强调艺术性，追求美感，而且更应注重可穿性。因此只有将舒适性、可穿性纳入服装设计的考虑中，才能真正实现其艺术价值和实用价值。将服装面料艺术再造运用在服装上，究竟是采用大面积平铺，还是局部装饰，或是以点线面的形式来表现，这要依据服装本身所要体现的风格和设计所要体现的主体来考虑。

一、服装面料艺术再造与服装设计的三大要素

服装面料艺术再造可以创造出个性化的服装，更有效地表现出服装造型和服装色彩的艺术魅力。服装面料艺术再造与服装设计之间存在着融合性和必然性。同时，服装设计的三大要素——造型设计、材料设计和色彩设计，对服装面料艺术再造均有十分重要的影响，在进行服装面料艺术再造时，需要将这些因素考虑在内。

（一）服装面料艺术再造与服装造型的关系

在服装设计的过程中，服装面料艺术再造和服装造型两者之间经常互相影响、互相弥补。服装面料艺术再造与服装造型相结合所产生的美感，是服装设计中至关重要的环节之一。

服装的基本造型形态包括：H形（也称长方形），A形（也称正三角形、塔形），V形，T形（也称倒三角形），X形（也称曲线形）和O形。H形以直线造型为主，这种造型强调服装整体的流畅性，不收腰、不放摆，体现着宽松舒适。A形服装采用收紧服装上体，放宽下体的造型方法，更加易于突出女性优美的曲线，这种造型多用于礼服设计和表演服装设计。V形同A形服装相反，通过放宽服装上体、收紧下体的造型方法表现男装和夸张肩部设计的女装。T形服装被广泛使用，如马褂、蝙蝠衫、T恤衫等，宽大、放松、自然、随意是此类服装的主要视觉特点。X形服装以显现腰身为目的，适合表现女性阴柔性感的特点，常用于女装特别是礼服中。O形服装多用以掩饰女性丰满的体态，在创意服装设计中，O形有前卫、怪诞的意味。在实用服装设计中，则多用于孕妇装和童装的设计。

从另一个角度讲，服装面料艺术再造可以改变和丰富服装造型。同样的服装款式，

若采用不同的服装面料艺术再造如采用抽褶、编结、镂空手法，其最终的艺术效果截然不同。服装面料艺术再造使服装的造型语言得到了极大丰富，也为服装造型设计的创新提供了更加多彩的手段。具有丰富立体感的面料艺术再造与简单的服装造型结合在一起，可使人从视觉上重新认识原本简单的服装造型。三宅一生常利用立体裁剪法将其创造的"一生褶"在模特身上运用披挂、缠绕或变幻别褶手法，以充分体现面料艺术再造的独有魅力。经他独具匠心处理的面料对服装造型起了重要的补充作用。

（二）服装面料艺术再造与服装材料的关系

服装面料是服装面料艺术再造的物质基础，必须在适应服装面料特点的基础上，进行服装面料艺术再造。艺术再造的美化效果应建立在面料性能的基础上，例如，纯棉面料由于具有很好的着色性能，染色后色泽明快，传统上常采用印染方法实现面料艺术再造，而避免采用拉伸变形或压皱工艺方法，以免因面料定型差、无弹性而达不到艺术效果。又如麻面料在设计运用时常选取麻的本色、漂白色或染单色，很少印花，是为体现其粗犷的美感。设计时，注意回避面料弹性差、易褶皱、易磨损、悬垂性差的缺点，可采用拼接、补花、贴花、拉毛边等手法丰富效果。还可在麻布上设计规则的几何纹样，采用十字绣的刺绣手法改变麻布原来的感觉，有时甚至能带来十足的民族手工艺的味道。在进行毛面料的面料艺术再造时，应以体现面料本身的高贵质感为前提，采用压花、印花、绣花、附以珠绣、造立体花等常用方法都可以得到很好的视觉效果。丝绸面料柔软滑爽、光泽亮丽、悬垂性好，对其进行面料艺术再造的常见手法有刺绣、彩绘、印花等。皮革面料坚挺、不易变形，再造时可采用剪切、压花、拼接、烫烙及配金属件等。不同面料的特点决定了各自不同的再造的实现方法。

另外，即使是同样的方法在不同的面料上体现出来的效果也各有千秋。因此，设计师要体验面料的性能，反复实验，以掌握其再造的本质。在设计时，应充分利用不同面料各自的特点，同时可运用多种面料组合，弥补单一服装面料无法表达和实现的艺术效果。

（三）服装面料艺术再造与服装色彩的关系

服装设计离不开色彩。通常来讲，色彩有"先声夺人"的作用，色彩在服装上具有特殊的表现力。进行服装面料艺术再造时，要依托服装的色彩基调。影响色彩基调选择的因素有服装的表现意图、着装者的个人情况和流行色的影响等，因此运用时，要以面料艺术再造进行色彩点缀、强调或调和，以便做到服装整体色彩的统一与和谐。

色彩的调和包括色彩性格的调和与色彩面积比例的调和。一般来说，色彩性格相近的颜色比较容易调和。如强烈的红色、黑色、白色相调和，可以产生鲜明、夺目的视觉效果；而柔弱的灰色系则能够表现柔和、优美的感觉。色彩面积比例的关系直接影响到配色的调和与否。特别是在服装色彩调和中，掌握面积比例的尺度是色彩搭配的关键。面积相等的两块色彩搭配会产生离心效果，有不调和之感。把面积比为1：1的红、绿两块互补色搭配会产生分离的感觉，而面积比为1：3的同样两块颜色，就会有从属的感觉，可以融合在一起。在实际的服装色彩搭配中，通常使色彩的面积比例达到2：3、3：5或5：8，以此对比，易产生调和美。

色彩的强调是指在服装色彩搭配过程中突出某部分的颜色，以弥补整体色彩过于平淡的感觉，将人们的视线引向某个特点部位，进而起到色彩强调的作用。

通常来说，选定一种色相后，可以对其不同色阶从深到浅或由浅到深进行过渡，从而构成渐变的格式；也可以选用两种同一色相的色彩，在微弱的对比中形成明快的设计风格。如果选用不同色相的色彩，形成大的对比与反差，要在面积上考虑大小的主辅关系，在色相上考虑冷暖的依存关系，在明度上考虑明暗的对比关系，在纯度上考虑差异的递进关系，以此来获得变化统一的美感。

不同面料的特性可以改变人们的视觉感受。一般而言，质地光滑、组织细密、折光性较强的面料，呈色会显得明度较高、纯度较强、有艳丽鲜亮之感，而且色彩倾向会随光照的变化而变化；而质地粗糙、组织疏松、折光性较弱或不折光的面料，色彩则相对沉稳，视觉效果的明度、纯度接近本色或偏低，有淳厚朴素、凝重或暗淡之感。这些在进行服装面料艺术再造配色时都需要考虑。

服装面料艺术再造不但要求本身的形与色要完美结合，还应考虑服装面料艺术再造与服装整体在色彩上的协调统一。

谈到服装色彩时，不可避免地要涉及服装流行色的运用。总部设在法国巴黎的"国际流行色协会"每年要进行流行色预测，其协会各成员国专家每年召开两次会议，讨论未来18个月的春夏或秋冬流行色定案。协会从各成员国提案中讨论、表决、选定一致公认的流行色。国际流行色协会发布的流行色定案是凭专家的直觉判断来选择的，西欧国家的一些专家是直觉预测的主要代表，特别是法国和德国专家，他们一直是国际流行色界的权威，他们对西欧的市场和艺术有着丰富的感受，以个人的才华、经验与创造力设计出代表国际潮流的色彩构图，他们的直觉和灵感非常容易得到其他国代表的认同。中国的流行色由中国流行色协会确定，他们是经过观察国内外流行色的发展状况，在取得大量的市场资料后，在资料的基础上做分析和筛选而制定，在色彩制定中加入了社会、文化、经济等因素的考虑。

流行色的预测和推出是建立在科学分析的基础上，因此运用流行色更易于取得最佳的色彩效果，同时会对时装潮流起到推动作用。然而在设计时完全套用流行色却是不可取的。实际上流行色最适用于T恤、便装、饰品等成衣类市场。在选择时要考虑服装的种类和着用目的。

流行色本身是很感性的东西，而有些流行色也正是来自消费者的意向。因此对流行色的灵活运用，可以充分体现服装设计者的艺术修养。

二、服装面料艺术再造在服装局部与整体上的运用

（一）服装面料艺术再造的局部运用

在服装的局部进行面料艺术再造可以起到画龙点睛的作用，也能更加鲜明地体现出整个服装的个性特点，其局部的服装面料艺术再造位置包括边缘部位和中心部位。值得注意的是，同一种服装面料艺术再造运用在服装的不同部位会有不同的效果。

（1）边缘部位

边缘部位指服装的襟边、领部、袖口、口袋边、裤脚口、裤侧缝、肩线、下摆等。在这些部位进行服装面料艺术再造可以起到增强服装轮廓的作用，通常以不同的线状构成或两方连续的形式表现，例如反复出现的褶线、连续的点或工艺方法以及二方连续的纹样等。

（2）中心部位

中心部位主要指服装边缘之内的部位，如胸部、腰部、腹部、背部、腿部等。这些部位的服装面料艺术再造比较容易强调服装和穿着者的个性特点。在服装的上胸部应用立体感强的服装面料艺术再造，会具有非常强烈的直观感受，很容易形成鲜明的个性特点。一件服装，通常是领部和前襟最能引人注目，因此要想突出某种服装面料艺术再造，不妨将之运用于这两个部位，如20世纪40年代，男装正式礼服中的衬衫经常在胸前部位采用褶裥，精美而细致，个性鲜明。服装的背部装饰比较适合采用平面效果的服装面料艺术再造。服装面料艺术再造单纯地运用于腹部不容易表现，特别是经过立体方法处理的面料更不易表现好，但可以考虑将之与腰部、胸部连在一起，或与领部、肩部做呼应处理。运用于腰部进行服装面料艺术再造最具有"界定"功能，其位置高低决定了穿着者上下身在视觉上给人的长短比例。

（二）服装面料艺术再造的整体运用

服装面料艺术再造的整体运用可以表现一种统一的艺术效果，突破局部与点的局限。将服装整体设计为面料再造的表现载体，其艺术效果强烈。堆砌手法的运用，简单而平实；另外还有面料拼接的运用、编织手段的采用等。此处应注意避免其因重复而陷入单调的形式中。

第四章 服装面料再造的灵感来源

设计灵感是设计者进行服装面料艺术再造的驱动力。灵感的产生或出现都不是凭空的，它是设计者因长时间关注某事物而在大脑思维极为活跃状态时激发出的深层次的某些联系，是设计者对需要解决的问题执着地思考和追求的结果。在面料艺术再造方面，它表现为设计者不断的辛勤的、独特的观察和严谨的思考，并辅以联想和想象，通过各种工艺和艺术手段，实现服装面料艺术再造。

总的来说，服装面料艺术再造的设计灵感可以来源于宇宙间存在的万事万物。

第一节 来源于自然界的灵感

大自然是服装面料艺术再造最重要和最广博的灵感来源。大自然赋予这个世界无穷无尽美丽而自然的形态，为人类的艺术创作提供了取之不尽、用之不竭的灵感素材。自然界中的形态和材质，如动物的皮毛或躯干结构、鸟类的多彩羽毛、昆虫的斑斓色彩、植物的丰富形态、树皮或岩石的纹理，都孕育着无限可寻求的灵感。自然界中的竹、木、骨、贝壳、藤、羽毛、金属、绳等材质，也都受到设计师的青睐。他们运用现代与传统相结合的艺术手法，将设计与自然形态和自然材质融为一体，创造出许多充满创意的时装佳品。英国服装设计师麦克奎恩秋冬时装发布会的作品，其设计灵感源自森林和野兽，皮革之上的剪切是鳄鱼的剪影、毛皮之上的图案是兽纹与头；意大利服装设计师雷欧娜秋冬时装发布会中所展示的以自然为题材设计的服装，是通过在面料上进行平面图案设计得到极强的视觉冲击力；英国设计师玛丽亚·格拉茨沃格设计的一款晚礼服长裙，其上身经典的镂空花饰装点的设计灵感来自自然。

在日常生活中，看似平常的物品，也会带给服装面料艺术再造一些灵感启示。如在揉皱的纸条、交结的线绳、堆积的纽扣、裂纹的木梁、起皱的衣服、成团的毛线、悬挂的门帘、皱起的被单、滴落的油漆、摆放规则的瓦片、凹凸不平的小路、砖石铺砌的墙面、灯光闪烁的高楼、沾满羽毛的铁丝网、变化的光影、经过人工处理的金属、家具、电器外形中可能就蕴含了服装面料艺术再造的设计灵感。我们生活的空间中存在相当多的设计元素，如在收集图片、观看时装表演、留意街头文化和日常穿着时，都可能有灵感产生。三宅一生经常找寻次品布、草席、地毯零头、麻绳等废料，以便从中获得更多的启示和设计灵感。

灵感的来源可以被归纳和追溯，但其形成过程是不可言传的。日本著名服装设计大师山本耀司曾说"对事物新奇感的追求，乃是创作上所能提供的灵感源泉"。很平常的事物，在设计大师眼中，往往也有其不同凡响的一面，蕴含着丰富的灵感。对服装设计者来说，丰富的设计灵感是一种必备的基本素质。

值得注意的一点是：并非所有的灵感都能最终发展为面料艺术再造的构思，因此也不能简单地理解为有了面料艺术再造的设计灵感，就一定能设计出理想的服装。对于灵感还需要进行概括、提炼、归纳、选择和组合，以更好地适应服装所要表现的意境和风格。如果说进行面料艺术再造构思时需要的是发散思维，那么在将它转变为服装设计时更多需要的是收敛思维，两者适当结合，服装面料艺术再造作为服装设计的一部分，才有真正的现实意义。

第二节　来源于历代民族服装的灵感

历代民族服装是现代服装设计的根基，同时它是人们智慧的结晶，凝结了人类的丰富经验和审美情趣，亦成为后人进行服装面料艺术再造的艺术依据之一。

中国的刺绣以及镶、挑、补、结等古代传统工艺形式，西洋服装中的流苏、布贴及立体造型如抽皱、褶裥、嵌珠宝、花边装饰、切口堆积、毛皮饰边等方法，都是服装面料艺术再造的形式。各民族有迥然不同的服饰文化和服饰特征，文化的差异往往使设计师产生更多的艺术灵感，民族和传统服饰是服装设计师进行服装面料再造的重要艺术根据。

20世纪初，西方社会流行的"俄罗斯衬衫"在设计上主要源于俄罗斯的民间服装，这种衬衫通常将大量经过抽纱和刺绣的面料运用在高高的领口、前襟、袖口和肩部，而前胸部分采用经过排折而成的面料。

昔日美国西部牛仔的披挂式装束，成就了当今受时尚界推崇的牛仔破烂风格，在一度风靡的水洗、酸洗、磨光、褪色、褶皱、毛边等作旧手法基础上，运用打褶、拼缝、镂空、缉明线、特殊印染（如数码印染）等手法组合和塑造牛仔面料，从而使牛仔服装展现出异样完美的艺术效果。这种新的牛仔服装展现了一种破烂的时髦，同时它更代表了一种叛逆主流、张扬个性的牛仔精神。

以传统文化为根基的法国设计师克里斯汀·拉夸的作品经常有来自巴洛克、洛可可的华丽复古风格的体现。

法国著名服装设计师约翰·加里亚诺的作品中经常表现出浓郁的民族形式和色彩，在时装发布会上展现的一款长袖印花上衣就是以东方民族服饰为设计依据，充分体现了绚丽的东方图案和色彩。

法国时装设计师戈蒂埃的作品中，其面料的重新组合有藏族服饰和东亚图案的影子。从这位被称为"灵感的发动机"的设计大师的创作中经常可以看到民族文化的影响。

中国服装设计师通过实地采风，可以了解中华大地上的各民族在不同的生活背景和风俗习惯的作用下，形成的各自独特的服饰风格和内涵。这些迥然不同的服饰，为服装面料再造提供了丰富的创作依据。在设计时，只有了解了其中的内涵，才能得心应手地运用其服饰造型、色彩和纹样的美学风格特征或间接选取其中的偶然效果。

白族的扎染，苗族、壮族、侗族等民族的刺绣、蜡染，傣族、景颇族等民族的织锦、银饰，瑶族妇女的头饰，藏族的服饰、配件及其他民族的服饰式样和图案都可以作为服装面料艺术再造的灵感来源。

第三节　来源于其他艺术形式的灵感

服装面料艺术再造作为一种设计，不是独立地存在于其他艺术形式之外的单体。许多艺术形式，如绘画、雕塑、装饰、建筑、摄影、音乐、舞蹈、戏剧、电影等，不仅在题材上可以互相借鉴、互相影响，也可以在表现手法上融会贯通，这些都是服装面料艺术再造的艺术依据。面料艺术再造可以从各种艺术形式中吸收精华，如在雕塑和建筑中的空间与立体、绘画中的线条与色块、音乐中的节奏与旋律、舞蹈的造型与动态中得到设计灵感。在服装面料艺术再造中，姊妹艺术中的某个作品被演绎成符合服装特征特点的形态是常用的方法。

1. 绘画

绘画作为一种平面艺术，一直没有停止过对服装设计的影响，服装设计中的新风格、新形式，很多都是从绘画中得到素材而增添了服装面料本身的魅力和艺术内涵。无论是古典的，还是现代的绘画，如立体派（代表人物毕加索）、野兽派（代表人物马蒂斯）绘画，或是中国的白描、山水写意，或是日本的浮世绘等，都可以结合不同的表现手法，巧妙合理地运用在服装面料艺术再造中，而且常会得到意想不到的艺术效果。

14世纪意大利流行的吉奥蒂诺服是受到当时著名的绘画大师吉奥蒂诺的绘画的

影响，这种服装的边缘装饰着华丽的刺绣图案。

18世纪的华托裙体现了罗可可时期的服装风格，其款式经常出现在画家华托的作品中，对当时和后世的服装及面料的艺术设计很有影响。

美国流行艺术大师沃霍尔对服装界曾产生过巨大的影响。他曾尝试用纸、塑胶和人造皮革做衣服，用他别具一格的波普艺术来设计服装。他创作的"玛丽莲·梦露"作品系列成为后辈设计师的取材元素。

伊夫·圣洛朗的代表作"蒙德里安裙"是对荷兰冷抽象画家蒙德里安的作品《红、黄、蓝构图》的立体化体现，此外毕加索的作品也给圣洛朗的设计提供了来自图案方面的艺术根据。

法国的夏帕瑞丽擅长将以刺绣或丝织绦带手法实现的面料艺术再造运用在女性的外衣和连衣裙上，其设计依据源于超现实主义。

20世纪80年代初，有服装设计师推出"毕加索云纹晚服"，其多变的涡形"云纹"是在裙腰以下运用绿、黄、蓝、紫、黑等对比强烈的缎子料，并将其在大红底布上再镶纳而构成的。

设计师加里亚诺在Dior春夏高级时装发布会上的作品中，将古埃及陵墓中的壁画描绘在衣裙上，奢华的金黄色调不仅再现了艳丽华贵的埃及王后风范，而且更显示了面料再造的魅力，体现着高级时装的绝佳创意与完美工艺。

2. 建筑

建筑是服装面料艺术再造的主要艺术依据之一。将建筑形态直接或间接地移植到服装面料上是很常用的方法。

12世纪的哥特式建筑以尖顶拱券和垂线为主，其高耸、富丽、精巧等特点所构成的风格曾经直接影响了服装的形式。当时男子穿的紧身裤常出现两条裤腿分别用两种不同颜色的现象，这与哥特式建筑中不对称地使用色彩的手法极为相似，同时在面料上制作凹凸很大的褶皱，加强了服装的体积感。

17世纪气势磅礴、线条多变的巴洛克风格建筑影响到服装上，表现为装饰性强、多曲线、色彩富于光影效果、整体效果有气势等特色。这个时期的服装，通过在天鹅绒、麦斯林、锦缎、金银线织物、亚麻、皮革及毛皮等面料上运用大刺绣、花边和装饰图案（各种花卉和果实组合而成的"石榴纹"图案非常流行），形成活泼、豪华的风格。

18世纪的罗可可建筑风格轻快柔美。此时的女装常用褶状花边面料，或采用方格塔夫绸、银条塔夫绸、上等细麻布、条格麻纱等柔软轻薄面料营造新的面料艺术效果。

以上几大西方建筑风格对服装面料艺术再造都形成有力的艺术影响。我们没有必要去照搬照抄这些建筑风格和形式，但可以从中寻找一些设计元素来丰富面料的再造。

一些时候，服装其实是建筑的缩影。在中国北方的游牧民族（如蒙古族）的服装上绘制或刺绣着大量的花卉和装饰花边，仔细观察，便不难看出这是"蒙古包"建筑在其服装上的再现。而这种再现是通过面料艺术再造来充分体现的。法国的服装设计师布瓦列特创造的豪华服装"尖塔服"，从腰部以下用层层阶梯式多褶裙构成塔状，其创作艺术依据是清真寺的尖顶结构。其他如南亚的缅甸、泰国、斯里兰卡等国家的建筑金碧辉煌，反映在服装上是使用大量的金黄色面料。土耳其本土设计师以伊斯兰教堂为设计的艺术指导，将建筑物的室内外色彩和形状构成设计概念表现在面料上。

受建筑风格影响的服装风格，更强调三维的空间构成。川久保玲的作品中常展现出来源于现代建筑的美学概念，从其经过精心面料再造的服装上可以清晰地看到空间构成的影子和魅力。

3. 其他艺术

除上述所提及的各种形式的灵感来源外，在中国现代时装表演中，脸谱图案频频地展现在 T 形台上，这不是偶然的现象。脸谱是采用写实和象征互相结合的夸张手法，表现某些人物的面貌、性格、年龄特征的一种面具艺术。在服装面料上出现的戏剧脸谱更多地体现着装饰特征。

三宅一生著名的"一生褶"是以古老的传统折纸为艺术依据，同时他还提取本民族的文身艺术中的纹样作为服装图案。

山本耀司最擅长运用立体派艺术，结合精练的剪接技巧，将层层套叠的面料表现在服装上。

夏帕瑞丽与超现实主义运动结盟，运用其富有异国情调的想象力，设计了用视错法绘制的泪珠图案的昂贵礼服，令人惊叹。

在丹麦哥本哈根时装周上，设计师蒙特和西蒙森成功地运用绉纱、碎丝、粗斜纹棉布、平针织物、帆布和皮革等多种面料，将浪漫元素、运动精神和嬉皮风格融合在一起，运用大胆的色彩、风格化的手绣和十字绣，塑造了服装面料再造的新视觉。

第四节　来源于科学技术进步的灵感

科学技术进步的成果在为服装设计师提供必要条件和手段的同时，也引起了新的服装面料艺术再造的设计灵感。每次新材料和新技术的出现和应用都给服装面料艺术再造带来新的生机，特别是在 20 世纪，面对大量出现的新材料和新技术，服装界人士纷纷利用高科技手段改造服装面料的艺术效果。巴克·瑞邦在秋冬服饰展中，开始以革命性的"缝制"技术推出以金属片组合的铠甲时装。他的设计灵感、对服装材质的大胆运用和对工艺手法的运用都离不开科技进步。而三宅一生的褶皱是运用机器高温高压褶的手段直接依人体曲线或造型需要调整裁片和褶痕的。其衣服的外观随弯曲、延伸等动作展现出千姿百态，也是在新技术出现后才得以实现的特殊效果。

第五章 服装面料再造的实现方法

服装面料再造的实现方法是实现其艺术效果的重要保证。服装面料艺术再造的实现方法很多，在这里，以再造的加工方法和最终得到的艺术效果为划分根据，将服装面料艺术再造的实现方法分为服装面料的二次印染设计、服装面料结构的再造设计、服装面料添加装饰性设计以及服装面料的多元组合设计等。

第一节 服装面料的二次印染处理

这是指在服装面料表面进行一些平面的、图案的设计与处理。通常是运用染色、印花、手绘、拓印、喷绘、轧磷粉、镀膜涂层等方法对面料进行表面图案的平面设计，达到服装面料艺术再造的目的。其中以印花和手绘最为普遍，常用于现代服装中的"涂鸦"艺术基本是这些手段的延续。

一、印花

用印花的方法可以比较直接和方便地进行服装面料艺术再造。通常有直接印花、防染印花两大类。

（一）直接印花

直接印花指运用辊筒、圆网和丝网版等设备，将印花色浆或涂料直接印在白色或浅色的面料上。这种方法表现力很强，工艺过程简便，是现代印花的主要方法之一。世界许多知名设计师都有自己的面料印花设备，根据所设计的服装要求，自己设计并小批量生产一些具有特殊风格的面料。

（二）防染印花

防染印花是在染色过程中，通过防染手段显花的一种表现方式，常见的有蓝印花布、蜡染、扎染和夹染。这些方法是我国传统的印染方法，也是实现面料艺术再造的常用方法。

（1）在蓝印花布的制作中，先以豆面和石灰制成防染剂，然后通过雕花版的漏孔刮印在土布上起防染作用，再进行染色，最后除去防染剂形成花纹。蓝印花布的图案多以点来表现，这主要是受雕版和工艺制作的限制。

（2）蜡染是将融化的石蜡、木蜡或蜂蜡等作为防染剂，绘制在面料和裁成的衣料上（绘制纹样可使用专用的铜蜡刀，也可用毛笔代替），冷却后将衣料浸入冷染液浸泡数分钟，染好后再以沸水将蜡脱去。被蜡覆盖过的地方不被染色，同时在蜡冷却后碰折会形成许多裂纹，经染液渗透后留下自然肌理效果，有时这种肌理效果是意想不到的。蜡染的染色方法常用的有两种：浸染法和刷染法。浸染法是把封好蜡的面料投入盛有染液的容器中，根据所使用染料的工艺要求进行浸泡制作。刷染法是用毛刷或画笔等工具蘸配制好的染液，在封好蜡的面料表面上下直刷，左右横刷或局部点染，得到多色蜡染面料。一般漂白布、土布、麻布和绒布都可运用蜡染实现服装面料艺术再造，所用染料主要有天然染料和适合低温的化学染料。

（3）扎染是通过针缝或捆扎面料来实现防染的目的。各种棉、毛、丝、麻以及化纤面料表面都可运用扎染方法进行服装面料艺术再造。经过扎染处理的面料显得虚幻朦胧、变化多端，其偶然天成的效果是不可复制的。扎染最大的特点在于水色的推晕，因此，设计时应着意体现出捆扎斑纹的自然意趣和水色迷蒙的自然艺术效果。扎染的染色方法包括单色染色法和复色染色法。前者是将扎结好的面料投入染液中，一次染成。后者是将扎结好的面料投入染液中，经一次染色后取出，再根据设计的需要，反复扎结，多次染色，以形成色彩多变、层次丰富的艺术效果。

扎染工艺的关键在于"扎"，扎结的方法在很大程度上决定了其最后得到的艺术效果。总结起来，有以下三种扎结方法：

撮扎：这种方法是在设计好的部位，将面料撮起，用线扎结牢固。经染色后，因防染作用，在扎线间隙处会出现丰富多彩的色晕，形成变化莫测的抽象艺术效果。

缝扎：这种方法是用针线沿纹样绗缝，将缝线扎牢抽紧。经染色后，即产生虚无缥缈、似是而非的纹样。

折叠法：这种方法是将面料本身进行多种不同的折叠，再用针线以不同的技法进行缝针牢固，染色后便形成新的艺术效果。

（4）夹染是通过板子的紧压固定起到防染作用。夹染用的板子可分为三种：凸雕花板、镂空花板和平板。前两者是以数块板将面料层层夹住，靠板上的花纹遮挡染液而呈现纹样，这样夹染能形成精细的图案；后者是将面料进行各种折叠，再用有形状的两板夹紧，进行局部或整体染色来显现花纹，这种方法形成的图案抽象、朦胧，接近扎染效果。

（三）拔染印花

拔染印花是在染好的面料上涂绘拔染剂，涂绘之处的染色会退掉，显出面料基本色，有时还可以在拔后再进行点染，从而形成精细的艺术效果。拔染印花的特点是面料双面都有花纹图案，正面清晰细致，反面丰满明亮。这种方法得到的面料再造适用于高档服装。

（四）转移印花

转移印花是先将染料印制在纸面上，制成有图案的转印纸，再将印花放在服装需要装饰的部位，经高温和压力作用，将印花图案转印在面料上。另外，还可以将珠饰、亮片等特殊装饰材料通过一定的工艺手段转移压印在面料上，形成亮丽、炫目的面料艺术效果再造。转移印花在印后不必再经过洗涤等处理，工艺简单、花纹细致。

（五）数码印花

数码印染是印染技术和电脑技术的完美结合，它可进行 2 万种颜色的高精密图案印制，大大缩短了从设计到生产的时间。

近年来，随着纺织品数码印花技术的不断进步和发展，设计师通过数码印花技术把花型图案喷绘在服装面料上，赋予服装面料新的内涵，为面料艺术和成衣设计提供了新的技术指导。传统印花技术可以通过化学和物理手段产生很多风格效果，比如烂花、拔染、防染、打褶等，数码印花虽然是直接喷绘和转移印花的技术原理，但是它不仅可以达到传统印花的效果，而且还能达到传统印花技术不能达到的效果。这种特殊的、新型的面料花型效果是数码艺术和数码技术的产物，它符合人们新的审美观念和个性化的需求。

数码印花技术下的数码花型具有广阔的色域。数码印花技术相对于传统印花技术而言，最大的优越性在于理论上可以无限地使用颜色，换言之，数码花型的颜色数量不受限制，任何能在纸上打印的图像都能在面料上喷绘出来。通常传统印花由于受工艺的局限和资金的影响，它的套色数量是一定的，而数码印花突破了传统印花的套色限制，印花颜色能够进行匹配，无须制版，尤其适合精度高的图案。同时，不断更新的墨水、颜色管理软件和数码印花机又为广阔色域和高质量印花品质提供了有效的保证，可实现面料纹样的多样风格和多种视觉效果。

数码印染技术改变着传统的设计理念和设计模式，设计师应该在掌握这一高科技技术的基础上，实现更为丰富的面料艺术再造效果。

二、手绘

手绘在古代称为"画花"，即用笔或者其他工具，将颜料或染料直接绘制于织物上的工艺。手绘的最大特点是不受花型、套色等工艺的限制，这使设计构思和在面料上的表现更为自由。常用的手绘染料包括印花色浆、染料色水以及各种涂料、油漆等无腐蚀性、不溶于水的颜料。涂料和油漆类不适合大面积使用，它们会导致面料发硬，因而影响面料的弹性和手感。常用的手绘工具有各种软硬画笔、排刷、喷笔、刮刀等。各种棉、毛、丝、麻以及化纤面料表面都可运用手绘方法实现面料艺术再造。一般在浅色面料上手工绘染，可使用直接性染料，在深色面料上则用拔染染料，也可用涂料或油漆做一些小面积的处理。从着色手法上来看，在轻薄的面料上，不妨借鉴我国传统的山水画的技法，以色彩推晕的变化方法取得高雅的带有民族情趣的艺术效果，而在朴素厚实的面料上则可运用水彩画或油画的技法与笔触，得到粗犷的艺术效果。通常在进行手绘时，还借用一些助绘材料，如树叶、花瓣、砂粒、胶水等与面料并无直接关系的物质，采用拓印、泼彩、喷洒等手法来表现某些特殊的肌理。

第二节　服装面料结构的再造设计

根据工艺手段的不同以及产生的效果，服装面料结构的再造可分成结构的整体再造（变形设计）以及结构的局部再造（破坏性设计）。

一、服装面料结构的整体再造——变形设计

服装面料表面结构的整体再造也称为面料变形设计，它是通过改变面料原来的形态特性，但不破坏面料的基本内在结构而获得，在外观上给人以有别"原型"的艺术体验。常用的方法有打褶、折叠、抽纵、扎结、扎皱、堆饰（浮雕）、扎花、表面加皱、烫压、加皱再染、印皱加皱再印等。

打褶是将面料进行无序或有序的折叠形成的褶皱效果；抽纵是用线或松紧带将面料进行抽缩；扎结是使平整的面料表面产生放射状的褶皱或圆形的凸起感；堆饰是将棉花或类似棉花的泡沫塑料垫在柔软且有一定弹性的衣料下，在衣料表面施以装饰性的缉线所形成的浮雕感觉。值得一提的是经过加皱再染、印皱加皱再印面料的方法形成的服装面料在人体运动过程中会展现出皱褶不断拉开又皱起的效果，如果得到色彩

的呼应，很容易形成变幻不定、层次更迭的艺术效果。

面料结构的整体再造设计一般采用易于进行变形加工的不太厚的化纤面料，一旦成形就不易变形。面料变形可以通过机械处理和手工处理得到。机械处理一般是通过机械对面料进行加温加压，从而改变原有面料的外观。这种方法能使面料具有很强的立体感及足够的延展性。以褶皱设计为例，这种设计方法是使面料通过挤、压、拧等方法成形后再定形完成，它常常形成自然且稳定的立体形。原来平整的面料经过加工往往会形成意想不到的艺术效果。手工处理的作品更具有亲和力，通常是许多传统工艺（如扎皱）的重新运用，将这些方法在操作中配以不同的针法和线迹，便可以产生丰富的艺术效果。

二、服装面料结构的局部再造——破坏性设计

面料结构的局部再造又称面料结构的破坏性设计，它主要是通过剪切、撕扯、磨刮、镂空、抽纱、烧花、烂花、褪色、磨毛、水洗等加工方法，改变面料的结构特征，使原来的面料产生不完整性和不同程度的立体感。剪切可使服装产生飘逸、舒展、通透的效果；撕扯的手法使服装具有陈旧感、沧桑感；镂空是在面料上运用挖空、镂空编织或抽去织物部分经纱或纬纱的方法，它可打破整体沉闷感，创造通灵剔透的格调；抽纱也会形成镂空效果，常见的抽纱手段为抽掉经线或纬线，将经线或纬线局部抽紧，部分更换经线或纬线，局部减少或增加经纬线密度，在抽掉纬线的边缘处做"拉毛"处理。这些方法会形成虚实相间的效果。褪色、磨毛、水洗等方法常被用在牛仔裤的设计上。

14世纪西方出现的切口手法属于对面料进行破坏性设计。它通过在衣身上剪切，使内外衣之间形成不同质地、色彩、光感的面料的对比和呼应，形成强烈的立体艺术效果。其形式变化很多，或平行切割，或切成各种花样图案。平行切割的长切口多用在袖子和短裤上，面料自上而下切成条状，使豪华的内衣膨胀出来；小的切口多用在衣身、衣边或女裙上，或斜排，或交错地密密排列。切口的边缘都用针缝牢，有的在切口两端镶嵌珠宝。

破坏性设计手法在20世纪60—70年代十分流行，当时一些前卫派设计师惯用这种手法表达设计中的一些反传统观念。被称为"朋克之母"的英国设计师韦斯特伍德常把昂贵的衣料有意撕出洞眼或撕成破条，这是对经典美学标准进行突破性探索而寻求新方向的设计。西方街头曾出现的嬉皮士式服装、流浪汉式服装、补丁服和乞丐服都采用典型的服装面料的破坏性设计手法营造这种风格。川久保玲推出的1992—1993秋冬系列中的"破烂式设计"，以撕破的蕾丝、撕烂的袖口等非常规设计给国际

时装界以爆炸性的冲击。这种破坏性的做法并不一定能得到所有人的认可，但作为一种服装面料艺术再造的手法，在创作上还是有值得借鉴之处的。

面料的破坏性设计相比面料的变形设计而言，在面料选择上有更加严格的要求。以剪切手法来说，一般选择剪切后不易松散的面料，如皮革、呢料。对于纤维组织结构疏松的面料应尽量避免采用这种方法，如果运用，一定要对其边缘进行防脱散的处理。

第三节　服装面料添加装饰性附着物设计

在服装面料上添加装饰性附着物的材料种类繁多，在取材上没有过多的限制，在设计时要充分利用其各自的光泽、质感、纹理等特征。

一、补花和贴花

在现有面料的表面可添加相同或不同的质料，进而改变面料原有的外观。常见的附加装饰的手法有贴、绣、粘、挂、吊等。例如，采用亮片、珠饰、烫钻、花边、丝带的附加手法，以及别致的刺绣、嵌花、补花、贴花、造花、立体花边、缉明线等装饰方法。补花、贴花是将一定面积的材料剪成形象图案附着在衣物上。补花是用缝缀来固定，贴花则是以特殊的黏合剂粘贴固定。补花、贴花适合于表现面积稍大、较为整体的简洁形象，而且应尽量在用料的色彩、质感肌理、装饰纹样上与衣物形成对比，在其边缘还可做切齐或拉毛处理。补花还可以在针脚的变换、线的颜色和粗细选择上变化，以达到面料艺术效果再造的最佳效果。造花是将面料制成立体花的形式装饰在服装面料上。造花面料以薄型的布、绸、纱及仿真丝类面料为多，有时也用薄型的毛料，还可以通过在面料夹层中加闪光饰片、在轻薄面料上添缀亮片或装点花式纱，或装饰不同金属丝和金属片，产生各种闪亮色彩的艺术效果，来实现服装面料艺术再造。

同样，在服装面料上运用皮带条、羽毛、绳线、贝壳、珍珠、塑料、植物的果实、木、竹或其他纤维材料，也属于服装面料的附加设计的范畴。

二、刺绣

在现代服装设计作品中，以刺绣手法展现出来的面料艺术再造的作品所占比例很大，特别是近几年来，珠片和刺绣被大量地运用在面料及不同种类的服装上，并有突破常规思维的设计出现，使得这一古老的工艺形式呈现出新风貌。

众所周知，刺绣的加工工艺可分彩绣、包梗绣、雕绣、贴布绣、绚带绣、钉线绣、抽纱绣等。彩绣又分平绣、条纹绣、点绣、编绣、网绣等。包梗绣是将较粗的线作芯或用棉花垫底，使花纹隆起，然后再用锁边绣或缠针将芯线缠绕包绣在里面。包梗绣可以用来表现一种连续不断的线性图案，立体感强，适用于绣制块面较小的花纹与狭瓣花卉。雕绣，又称镂空绣，它是按花纹修剪出孔洞，并在剪出的孔洞里以不同方法绣出多种图案组合，使实地花与镂空花虚实相衬。用雕绣得到的再造多用于衬衣、内衣上。贴布绣也称补花绣，是将其他面料剪贴、绣缝在绣面上，还可在贴花布与绣面之间衬垫棉花等物，使之具有立体感，苏绣中的贴绫绣属于这种，这种工艺在童装中运用很广。在高级时装设计中，以精美的图案进行拼贴，配合彩绣和珠绣更显华贵富丽。钉线绣又称盘梗绣或贴线绣。中国传统的盘金绣与此相似。钉珠绣是以空心珠子、珠管、人造宝石、闪光珠片等为材料，绣缀在面料上，一般应用于晚礼服、舞台表演服和高级时装。绚带绣又称饰带绣，是以丝带为绣线直接在面料上进行刺绣。由于丝带具有一定宽度，故一般绣在质地较松的面料或羊毛衫、毛线编织服装上。这种绣法光泽柔美，立体感强。

从成衣生产的角度看，刺绣又可分为机绣、手绣和混合刺绣三种。机绣是以缝纫机或专用绣花机进行刺绣。特点是精密准确、工效高、成本低，多用于大批量生产。运用手绣得到的面料由于功效低、成本高，多用于中高档服装之上。对服装面料进行刺绣时，还可以采用机绣和手绣结合的方法。一般面料上的大面积纹样使用机绣，而在某些细部以手绣进行加工、点缀，这种方式既可提高工效、降低成本，又可取得精巧的效果。

各种棉、毛、丝、麻、化纤面料以及皮革都可运用刺绣方法得到面料艺术再造。但由于不同面料对刺绣手法的表现有很大影响，因此在进行设计前，必须根据设计意图和面料性能特点，选用不同的技法进行刺绣，这样才能取得令人满意的服装面料艺术再造效果。

第四节　服装面料的多元组合设计

一、拼接

服装面料的多元组合是指将两种或两种以上的面料相组合进行面料艺术效果再造。此方法能最大限度地运用面料，最能发挥设计者的创造力，因为不同质感、色彩和光泽的面料组合会产生单一面料无法达到的效果，如皮革与毛皮、缎面与纱等。这种方法没有固定的规律，但十分强调色彩及不同品种面料的协调性。有时为达到和谐的目的，可以把不同面料的色彩尽可能调到相近或相似，最终达到变化中有统一的艺术效果。实际上许多服装设计师为了更好地诠释自己的设计理念，已经采用了两种或更多的能带来不同艺术感受的面料进行融合设计。

服装面料的多元组合设计方法的前身是古代的拼凑技术，如兴于中国明朝的水田衣就属于这种设计。现代设计中较为流行的"解构"方法是其典型代表，例如通过利用同一面料的正反倒顺所含有的不同肌理和光泽进行拼接，或将不同色彩、不同质感的大小不同的面料进行巧妙拼缀，使面料之间形成拼、缝、叠、透、罩等多种关系，从而展现出新的艺术效采。它强调多种色彩、图案和质感的面料之间的拼接、拼缝效果，给人以视觉上的混合、多变和离奇之感。

在进行面料的拼接组合设计时，设计者可以应用对比思维和反向思维，以寻求不完美的美感为主导思想，使不同面料在对比中得到夸张和强化，充分展现不同面料的个性语言，使不同面料在厚薄、透密、凸凹之间交织、混合、搭配，实现面料艺术效果再造，进而增强服装的亲和力和层次感。

拼接的方法有很多，比如有的以人体结构或服装结构为参照，进行各种形式的分割处理，强调结构特有的形式美感；有的将毛、绒面料的正反向交错排列后进行拼接，有的将面料图案裁剪开再进行拼接；有的将若干单独形象或不同色彩的面料按一定的设计构思拼接。除了随意自由的拼接外，也有的按方向进行拼接，形成明显的秩序感。这些方法都会改变面料原来的面貌而展现出服装面料艺术再造带来的新颖和美感。

二、叠加

在多元组合设计中，除了拼接方法外，面料与面料之间的叠加也能实现服装面料艺术再造。著名服装设计师瓦伦蒂谋首先开创了将性质完全不同的面料组合在一起的先河。他曾将有光面料和无光面料拼接在同一造型上，其艺术效果在服装界引起了轰动，而后性质不同的面料的组合方法风靡全球，产生了不少优秀作品。

进行面料叠加组合时应认清面料是主从关系，还是并列关系。这影响服装最后的整体感受。以挺括和柔软面料组合来说，应考虑是在挺括面料上叠加柔软面料，还是在柔软面料上叠加挺括面料，抑或是将两者进行并列组合，其产生的再造艺术效果大有区别。在处理透明与不透明面料、有光泽与无光泽面料的叠加组合时，也需要将这些考虑在其中。多种不同面料搭配要强调主次，主面料旨在体现设计主题。

以上提到的部分方法在面料一次设计时也会涉及，这与再造时再次采用并不矛盾，因为再造的主要目的就是要实现更为丰富和精彩的艺术效果。

服装面料艺术再造的方法并不限于上述这些，在设计时可由服装设计者在基本原则的基础上自由发挥，在利用现有工艺方法的同时，加入高科技的元素，主动寻求新的突破点。在实际设计中，根据服装所要表达的意图，通常会综合采用多种方法，以产生更好的服装面料艺术再造效果。

第六章　服装面料再造创新与设计

第一节　面料再造创新的思维方式

有心理学家通过研究发现一个现象，当人们用一种思维方式成功地完成了某项任务之后，就会自然地形成一种思维定式，并且很难得到破坏。设计是一种创新性的活动，需要设计师源源不断地创造新的东西。因此，形成正确且多样化的思维方式是设计师进行面料再造创新设计的前提。

一、面料再造创新的思维方式

（一）非理性思维方式

非理性思维方式，是指设计师故意打破合乎传统的思维定式，从事物的反方向入手，寻求新的突破口的一种思维方式。比如，陶瓷碗是日常生活中用来盛东西的，我们可以打破这种常规，将它摔成碎片，再根据碎片的纹样特点，有规律地组合、粘贴，以便呈现出出奇制胜的肌理效果。

（二）辐射性思维方式

辐射性思维方式是指先确定一个设计目标，然后设计师突破原有的思维定式，同时从不同的角度、方向散开，去寻求更广、更宽、有价值的答案或方法。如以革命为主题，从不同的方面进行辐射，可以想到政治、旗帜、激进、军队等关键词，而这些关键词又能继续辐射，就好比一个蜘蛛网，有助于设计师再造出来的产品更加流畅、灵活、新颖。

（三）整合性思维方式

整合性思维方式是指在设计的过程中，整合、归纳所有的知识和信息，使之条理化、逻辑化。比如，在纸上画一个三角形，我们由此可以想到什么？西瓜、锥子脸、金字塔、雨伞、红领巾等等，然后我们再从这些信息里寻找和自己需要相吻合的，并进行归纳、整理。这种思维方式和辐射性思维在再造过程中是密不可分的，面料再造前期，设计师可以选择辐射性思维思考问题，大胆地提出想象和假设；后期就应该用整合性的思维进行面料再造，以确保作品的完整性。

（四）形象性思维方式

其最主要的特点是，设计师依赖于具体、形象的事物，进行主观认识和情感体验，再通过再造的方式将感受的形象描述出来。比如，设计师以彩色鹦鹉为灵感来源，提取了鹦鹉丰富多彩的毛色，并且在下摆裙上运用了贴布绣的再造手法，将鹦鹉的特点描写得活灵活现。这种思维方式，需要设计师在日常生活中能够更多关注身边美的人、事、物，多储存形象信息，以便需要之时能够及时提取。

（五）抽象性思维方式

这种设计思维要求设计师具备丰富的实践经验，运用这种设计思维进行面料再造设计，首先透彻地了解、分析事物的本质属性，再提取其精髓部分进行逻辑性的再造。Armani "水墨文竹" 系列就是最好的实例。

二、面料再造创新设计的方法

（一）古今结合、东西交融

现在大部分商场的服装，一眼望去都是千篇一律，即使很多服装都采用了面料再造的手法，同样也没有太多的新鲜感，更没有特别让人想买的欲望。这是因为已有的面料再造手法都是过去时代的产物，是过去的人们通过劳动实践总结、创造出来的经验和方法，并非十全十美。但是，只有创新没有传承的再造是中断，只有传承没有创新的再造是守旧。所以这里的关键点，是在继承过去东、西方优秀再造手工艺技法的同时，如何创新性地与时代接轨。创新是一个打破常规、独出心裁、另辟蹊径并赋予当下时代需求的过程。那创新从何而来？它不是空想，也不是假想，必须要立足于21世纪社会的发展趋势，从大众消费者的需求层面定位思考，从优秀传统手工艺中吸取精华，从东西方文化中寻求灵感。三宅一生"我要褶皱"系列就是一个成功实例，它完美地融合了东西方文化，既不墨守成规也不一味追求创新，而是以最好的方式吸收了各自的特点为自己所用。

（1）"我要褶皱"系列对日本民族文化的继承和发展

以"和服"为立足点。三宅一生认为我们设计服装是为了释放人体而不是雕塑人体，所以他从日本传统和服中吸取了直线剪裁的方式和宽衣文化的理念，用面料二次再造后产生的褶皱代替了西方立体裁剪中常用的省道，使面料得到了重生，使人体能够从衣服的束缚中解放出来。

以"禅宗"为灵魂。此系列以禅宗的沉静、自然、朴实为灵魂，遵循顺应自然的思维方式，追求服饰在自然状态下形成的朴素美感、布料在撕裂状态下的优雅灵气。因此它不仅给消费者带来了独一无二的设计理念，而且还体现了一种有别于当下的生活态度。

以"缩小型宇宙"为意念。日本是一个生活空间狭窄的岛国，这一地理环境在带给人们生存空间压力的同时，也赋予了其"缩小型宇宙"的新理念：每个人都是一个"小宇宙"，经过缩小折叠将人们融合在这个狭小的空间里。三宅一生"我要褶皱"系列，形象地反映了折叠行为衍生出折叠意识的现象，深刻地体现了日本民族的美学理念与实用的思维方式。

（2）"我要褶皱"系列对西方文化的创新和反思

三宅一生这样评价他的褶皱系列："那是个实验，也是个冒险"。在20世纪初，西方的服装设计师占据了整个时装市场，而这位"冒险家"却独树一帜，建立了以东方审美文化为核心的服装品牌。西方社会比较推崇人体美，因此西方的服装设计师擅长用立体裁剪的方法裁剪出贴合人体结构的服装，再加以胸衣、臀垫和裙撑的使用，更加突出凹凸有致的人体曲线。而三宅一生认为人体在运动的时候会制约服装造型的外部空间形态，这就需要服装造型在静态与动态的时候都符合空间造型的美感。因此他摒弃了西方惯用的 X 衣形，采用了有利于追求空间美的 H 衣形，再利用褶纹的张合伸缩，完美地将动、静融合在服装造型中。

三宅一生和许多东方艺术家一样，对东方文化的深入是源于对西方文化深入之后的反思。以"我要褶皱"为例，无论是款式上还是面料上，都是在继承本土和服的基础上对当下服装流行趋势进行剖析后进行的全新尝试，都体现了高科技与新材料的完美结合。比如，褶皱造型是以日本的时空观念设计灵感来源，但是面料的选择却会根据款式的需要国际化，有爱尔兰的毛呢、意大利的丝绸，甚至塑料、纸张等等。

（二）手法多元、形式多样

当下，面料再造的手法多种多样，可以通过褶皱、编织的再造方式增加服装的立体感，也可以通过手工印染、数码印花的方式增加服装的画面感。面料再造已经成为增加服装个性化的主要途径。近几年，米兰时装周的秀场上，有一半以上的服装品牌喜欢用数码印花的再造方式，几何图形、花卉印花、波西米亚图案等都是他们青睐的元素。然而，当大家都采用这种方式的时候，我们便不能再感受到数码印花的新奇之处。所以，单一的面料再造方式已经无法满足人们的审美要求，现代科技为我们提供了无数种面料再造的手法，我们应该利用当下的科技条件，综合运用多种再造手法，提取各自的精髓，为消费者呈现多元化的服装时代。如设计作品"编色游戏"为都市男士休闲装，色彩元素来源于摩洛哥小镇的建筑物。为了给人们呈现更加精准、丰富的色彩效果，采用了绿色、环保、节能的数码印染方式进行颜色再造。

当然，数码印染只是一种平面的再造方式，仅仅改变了面料的颜色，并且，数码印染技术的快速发展已造成印染元素使用泛滥，难免让人审美疲劳，不再标新立异。因此，设计者遵循了多种再造手法相结合的原则，分别在服装的前片、袖子、肩部等局部位置采用了十字纹竹编手法。十字纹编织，是竹编工艺中最简单却是最实用的一种手法。它是通过经纱和纬纱相互交错、勾连编成的，这种编织手法产生的交织点多，经纬线的结合紧密，织物坚实牢固、外观平挺，增加了服装的立体感，轻松之余也彰显了男人的气魄。同时，竹编工艺是我国历史悠久的再造手工艺之一，具有中华民族的传统文化特色，在作品中使用这一元素，也顺应了新时代人们对于服饰人文化的需求。

第二节　服装面料的再造创新与制作手段

一、服装面料再造创新的意义

我们日常所使用到的服装材料基本上都是由机械化、科技化的流水线上大批量生产出来的面料，面对这种工业化的面料市场模式，如今好多有能力的大型服装设计公司、大型的成衣品牌只需要在面料创新上多动脑筋，弱化造型款式，强调面料创新，以一种或者几种经典服装造型款式为基础，通过面料的创新来传达服装设计理念，在这样的大品牌所举办的流行趋势发布会上人们往往会有种置身于面料创新博览会中的感觉。服装面料创新这种服装设计理念将为大牌服装设计公司开拓更广阔的市场空间，但是这种大量的面料创新战略依托的是雄厚的开发资本、优越的科技创造力、强大的技术支持，不适合那些小规模的服装品牌和大部分没有雄厚资本支持的服装设计师们，由于在工业化的模式下开发的新面料成本高昂，如果没有巨大市场进行分摊的话会造成使用创新面料制作的成衣制造成本飞涨，所以这种通过科技化、工业化所创新的面料设计理念让那些小规模的服装品牌和设计师们望而却步。但是这种先进的服装设计思路我们是可以借鉴的，服装设计师可以在掌握服装造型的基础上多着眼于服装面料的再造创新，在整体服装设计思路的引导下，通过对手头面料的创新性改造达到完善整个服装设计的理念，借助对服装面料的再造创新性思考与服装造型款式的设计，碰撞出更优秀的设计思路。

二、服装面料的再造创新方法

服装面料的再造创新协助我们重新理解了服装面料的应用方向和成衣状态，这种创作使材料的原有颜色、触感、质感发生改变，也相对的把原本平面化的面料立体化、雕塑化，进而丰富服装面料的表达语言。

（一）人工印染的面料再造

我们所说的人工印染是针对当前流水线上大量模式化所得到的印染面料而言，在流水线机械化印染诞生前，人们使用很多传统的制作工艺来对面料进行漂染、印花和纹样描绘。传统的人工印染制作工艺根据表现风格的不同、加工手法的各异而有着不同的名称，例如最常见的有蜡染、扎染、绘染、丝网染等。

创作者首先通过扎染的方式为原始面料第一遍染色，在第一遍染色的过程中使原本色彩单一的面料染出大面积的紫红色，使水墨般的神秘气氛跃然于面料之上，并在大面积的扎染处留白处理，为第二遍染色留下空间。第二遍染色应用的是绘染法，首先使用大笔刷和紫红色调整好第一遍染色的颜色形态，让颜色之间的衔接和范围更加多样，再使用小的笔刷为面料的留白处绘染小面积的红色造型。在简洁的服装造型上通过扎染与绘染两种染色方式使观察的视点活跃了起来，仿佛未完成的造型原始结构起到压低对服装造型款式感觉，通过大面积重新染色的紫红和穿插留白的红色花朵，如水墨画般的效果在裙装下摆处蔓延，凸显了服装面料所呈现出来的迷惑、神秘、浪漫的气质，这样的设计方法使设计师在原本质朴的服装结构中可以借助手工印染的方法描绘出复杂的心理感受。

（二）面料再造的空间造型

这种面料再造的创作工艺是借助不同的手法，改变原有面料的空间状态，使原来只有二维空间表现能力的面料改造出能够体现立体空间造型审美的三维化面料，这种面料再造工艺让原有面料产生适当的雕塑感觉，塑造出立体感的造型艺术。设计师通过挤压面料产生了褶皱效果，通过对面料的再缝制产生了立体的纹理效果，通过对针织面料的再编织而产生了浮雕效果，在这些工艺手法的改造下原有的面料产生了空间上的起承转合，打破了平淡的平面关系，重组为多样的立体秩序，充分运用了三维的空间来展示面料的审美特征，重塑的空间关系不仅让设计师能够在视觉效果上对面料进行再造创新，而且还可以让面料在与人皮肤接触的时候产生新的着装感受。

（1）装饰性褶皱：在面料的原始状态下进行重复有序的排褶，再根据褶皱的排列状态以针脚缝制固定褶皱，这种褶皱的排列效果可以选择原本平滑、无色彩变化的面料为原料，用其他色彩丰富的原料和织物沿褶皱有规律地缝制出图案的变化或点、线、面的重叠效果，让面料呈现出丰富的视觉美感。装饰性褶皱视觉效果明显，又不会破坏织物的贴身触感，韵律自然优美，还可以辅助服装造型中的美化作用。

（2）褶皱法：使二维的面料在挤压的状态下出现褶皱，浮雕似的效果能够更好地在三维空间中塑造服装的美感。这种产生了褶皱的面料在功能性方面能够有效地加大着装者与服装面料间的间隙，使原本封闭的服装内空间得到了更好的空气流通，解决了排汗、憋闷、透气等问题；在视觉审美上这种褶皱在空间的延伸中也让原本的面料更有弹性，在活动的着装过程中使面料根据人体的姿态变化产生特有的韵味，从而演变出更复杂的视觉效果。设计师可以通过控制褶皱的重复性来增加或者削弱面料的浮雕感，也可以借助工具来塑造规律有序的褶皱，或使用人工手法来塑造灵活的褶皱，各种不同的褶皱挤压方法都能够给服装的设计带来新的灵感。日本的服装设计师三宅一生就是以褶皱为服装创作灵感而闻名世界的。

（3）衍缝法：用合适的材质作为填充物，把它合理地缝入两种基础面料之间，在缝纫的时候可以恰当地描绘简单纹样，或靠针脚的走向排列出规律的几何图形，缝纫的针脚可以透过外面两种面料向中间挤压填充面料，这样针脚走过的纹样部分三种面料紧紧地压缩在一起，整体看来就会显得向内凹陷进去，而针脚没有经过的区域因为填充物的弹性，整体看来就会向外膨胀，针脚、填充物、基础面料三者之间相互挤压就营造出了立体的视觉效果。因为面料的堆叠较厚，所以衍缝法所创造出来的再造面料有很好的保暖效果，把这种面料再造的成品应用到有保暖需求的服装款式中，能在满足服装的功能性基础上进一步实现服装整体设计的创新感。

（三）减法装饰性的面料再造

设计师可以通过对现有面料的分解，从完整的面料单位中抽离一定元素，分割面料的原始构造，重组面料的基础外观，使原本完整的面料呈现一种带有残破美的新面目。减法装饰性面料再造常使用抽丝、镂空、磨损、剪除、腐蚀、撕裂、烧等面料再造技巧，通过类似雕刻的审美思维指导，剥离原有面料的部分或整体的存在形态，再造后的面料带有原本面料的一部分特质，而又在残破的新形态中展示出新的审美情趣。

（四）面料的加法型装饰艺术

综合应用面料的再造创新手法，多样选材，把各种质感、肌理、颜色的服装材料重新再造组合，创造出丰富的质感、多变的纹理、为服装设计增色的创新面料。加法型面料再造手法主要通过缝饰、粘贴、刺绣等手法来改变面料视觉感受的特征，可以为原本平坦的面料材质增加空间感，也可以在服装设计的局部增加视觉重点，让设计师有更多的选择来表达设计理念。面料间的质感和肌理等特有元素也会为加法型装饰手法赋予互补或冲突的视觉感受。设计师把轻薄、蓬松的纱与粘合了硬衬的棉布缝合在服装造型的突出点，两种材质互为补充，使服装结构在空间上产生了延伸感，两种面料的结合为服装营造了丰富的立体效果，铠甲式的结构造型通过面料的空间感体现出端庄高贵的风格特点。这系列服装还应用了加法型手段的染色法、钉绣法、填充法等面料再造手法，服装的顶部和腿部都通过添加上色彩呼应的小坠饰来增加趣味性，通过带有红色渐变染色效果的心形布片的再造面料装饰，上衣下摆和腿部的比重被加强了，造型被突出了，而又营造出一种可爱、雅致、生动的感觉。这些面料的再造创新手法使加法型再造手段可以改变素色面料的平淡，通过审美思维的指导掌握了面料间的特点就能够更多样地传达出设计师的设计理念和风格。

（五）面料的重叠或组合装饰艺术

在研究面料的再造创新时，不仅是研究面料的各种处理手法，而且还要掌握面料与面料间的重叠组合效果，要在符合审美要素的情况下提炼每种服装材料的本质特点，通过归纳和总结寻求不同的组合方式打破惯性逻辑，创造出合理的新式感受。相同的原始材质，经过各种不同的面料再造手法搭配出同样着装性能而又互相衬托的视觉效果。设计师在面料再造的审美思维下创造出自己独特的设计风格，在服装设计领域中，这种采用相同材质或相近质感的服装材料，再通过设计师的创新设计改变观感的设计手段层出不穷。

三、服装面料的再造创新发展方向

服装面料的再造创新成为审美思维总结升华的创意领域，通过设计师对常见面料的了解和对服装设计的理念，把再造后的面料创造出完全不同于平常的感觉，颠覆了面料的模式化，触动了着装者原有的审美思维，刺激了服装设计的灵感，表达了设计师本身的风格。为了更完美地达到设计师的创作意图，更好地诠释设计师自身的艺术风格，不停止的思考和不间断的实践是服装设计师们的必经之路。当下面料的再造创新有了丰富的变化空间，大量的创作和成品都能够让我们眼前一亮，总体来说面料的再造创新有以下几个发展方向：

（一）对空间效果的追求

面对大众对服装材质千篇一律的审美疲劳，设计师们在不断追求把二维的面料效果再造为有空间感的立体效果，比如运用捏褶法、折裥法、层叠法等方式为现有面料增添立体的浮雕效果和韵律的肌理效果，刺激观察者的视觉感受和手感。或者可以采用衍缝法、装饰褶皱法等手段把原本各异的面料聚合在一起，形成新颖的视觉效果和立体的空间感受。

（二）对抽象概念的追求

简洁的面料再造表现形式越来越被设计师们所推崇，以往的面料再造创作都会以主题的形式来展现一种对具体的艺术题材的追求，当今的设计师们却把追求抽象概念当作目标，不过这种对抽象概念的追求也会兼顾部分具体题材的审美思维，提炼其审美特质，升华其设计理念，在总结和变化的过程中借助面料再造的展示方式，通过面料再造的减法或加法型装饰手法，把抽象思考后的造型审美元素打散、重组，使最后的设计体现出抽象的韵律。

（三）向多样性思路靠拢

整合多样的服装材料，成为服装面料的再造创新过程中常见的设计风格和独特的展示方法，风格的变化在多种材质的不同组合方式下呈现，浑厚的面料带给观察者沉稳的感觉，轻盈的面料带给观察者翩翩起舞的感受，中国古代的服装中就有通过多样的面料特质互为补充再造出新的面料质感，选取多种服装材料的色彩各取所长整合出新的面料花纹。设计师可以在面料再造的过程中采用相近质感但颜色不同的材料，或相同颜色但质感各异的材料，或不同的质感各异的颜色，或完全相似的质感相近的颜色但是组合手法上变换等各种多样性的设计思维来创造新颖的面料形式。

（四）从徒手工作到借助机械工具

随着科技的进步，曾经只有在大型流水线上才会应用到的面料再造工具已经不再遥不可及，小型的印染机、多线刺绣机、编织机、数字印花机等直接借助家用电脑就能操作的机械工具已经开始普及，它们可以替代传统的手工刺绣、印染、染色等工艺，能够大大提高我们在面料创新上的工作效率。方便快捷的机械工具可以更规则地绘制图案，可以在成品制作前多遍在电脑中检验结果，节约了制作成本。对机械化工具的应用使我们的再造面料一定是独特的，避免了因为手工制作产生的粗糙感。

（五）破坏原有规则创建新风格

面料的再造创新是一种创造性的思维活动，设计师在创作过程中不能被动的"拿来主义"，而是要发挥创造思维为自己的设计思路和创作灵感找到最好面料表现形式，用最准确的设计语言来描绘自己的设计风格，为了达到这种创作目的，打破常规的面料再造手段就比较普遍。例如我们可以用减法型手法破坏面料的结构，使面料在基础质感上呈现出残缺的美感，具体可以通过烧、切割、磨洗、裁剪等方式再造面料的织绣规则，使面料呈现出灾难、痛苦、残破的难过心理暗示。我们也可以使用加法型手法增加面料的情感感受，让面料在刺绣、缝花边、添亮片等方式下呈现出华丽、浪漫、甜蜜的开心暗示。

第三节　服装面料的再造创新与服装一体化设计

从服装被人类第一次披挂到身上以来，在服装设计作为一个设计门类而单独提出以后，服装的款式和造型结构已经被人们无限地挖掘殆尽，当今的设计师们如果还想要突出重围、另辟蹊径对服饰的造型款式进行创新，已经是走入了非常困难的思维路径，而市场上大量的模式化服装材料又枯竭了设计师们的灵感源泉。在这样的情况下，服装面料的再造创新与设计的结合就显现的尤为重要，服装设计的发展方向将会在对面料再造的思索与造型结构相结合的思路中发散展开，通过对基本服装材料的创新设计来体现设计师的设计灵感，用服装面料的再造创新作为服装款式造型设计的载体来表达设计理念。借助于对面料的再创造，原本朴实无华的服装设计也会迸发出创新的气息。设计师们通过对审美思维的提炼和总结，借助对审美原则的熟练掌握，充分地理解、拆分、重塑、改造现有的服装材料，并把最好的服装面料再造方案与设计思路相印证，就能够实现面料的再造创新与设计创新的完美结合。

一、服装面料的再造创新需要符合服装造型审美

服装面料是服装的载体，而服装的造型是服装的灵魂，在现有面料上进行的再造设计是为了更好地满足服装审美需要，将原始的服装面料借助一定的艺术处理，结合对服装本身的设计理念，使审美元素和实用目标相结合，从而改变了面料本身的色彩、肌理、结构等外观效果，让原本简单的材料能更好地为设计服务。在我们对面料再造的设计过程中，应该始终以科学的审美规律作为原则，以形式美的法则来规矩面料再造的手段，在研究服装造型的过程中融汇面料再造的取舍。

（一）服装造型要素是面料再造的依据

摒弃普通的服装材料而使用通过再造手段创造出的材料，目的就是为了完善对服装的设计，而对服装造型最基本的影响就是点、线、面这三大要素。我们可以借助研究点、线、面各自的造型特点来更合理地选择面料再造手段。

（1）点的应用

点是造型元素的最小单位，合理安排的点会使服装更具个性魅力。点能够起到画龙点睛的作用，在大面积单调的面料中一个跳脱的点能够突出效果、引导视线。把点的这些特性应用到面料再造的过程中，让我们可以在原有的材料上添加装饰性纽扣或小面积的刺绣、装饰、文案等来突出重点、引人注目；也可以在领口、胸口、袖口、腰际等部位以纽扣、刺绣、钉饰来强调造型、平衡重心；还可以使用排列错落、大小有序的多点造型来创造节奏韵律美。

（2）线的效果

线连接着点，贯穿着面，具有空间指向性和丰富的韵律感，线条的变化会带来服装风格的不同、造型的独特、情趣的变化、多样统一的和谐。服装的结构和造型的变化离不开线的连接、划分，可以说任何服装款式的进化都是建立在对线的创造与理解上的。

在设计中使用大面积添加褶皱这种面料再造形式，就是理解了线条可以通过本身的变化、独有的表现力改变服装风格的特性。垂直的褶皱使人修长、潇洒，在着装者运动的过程中会产生动、静不同的轮廓线条和疏、密交替的整体效果，完美地体现了多样统一的和谐韵味。另一些以刺绣、抽丝、缝饰等手法直接在原有材料上再造出的装饰线效果，会使整条装饰线为服装带来特有的情趣，例如旗袍在领口、袖口、下摆

添加的滚边装饰线，不仅美化了服装本身，又使穿着者显得端庄、风雅。

（3）面的特点

如果说点和线起到的只是点缀和修饰的效果，那么面就是最终服装主体的组成元素。面一般会按照服装的剪裁而划分成几大块，这些大块的材料按照一定比例重叠、组合、拼接等，从而形成服装的轮廓造型。

我们可以在划分主体面的时候就用材料组合法，把相似或完全不同的材料，按照人体结构或剪裁逻辑组合在一起，也可以在大的轮廓面中，取肩线、袖口、领部、口袋、扣线等功能性区域通过添加、减少、缝饰、组合等面料再造方法做小面积的分割改造，这样不同的材质、不同的纹理、不同颜色的服装材料能带给服装全新的着装状态和特殊的情境。

在服装设计中没有绝对的点、线、面之分，来回往复重叠在一起的饰带不应该看作线，而是当作面来处理；贯穿上衣下裳的矩形面料，也不应该看作面，而是当成线的属性。点、线、面的形态各有其造型特点，我们借助对它们的研究掌握了对服装形态的审美思维，创立了立体的造型概念，再把这些艺术修养应用到服装设计中和服装面料再造中去，就能够创造出更美的面料效果和更成功的服装。

（二）服装造型规律影响面料再造的手段

（1）面料再造可以辅助服装的整体平衡

在服装设计中平衡一般分为两种，一种是对称式平衡，另一种是相对平衡。两种截然不同的服装造型带来的是完全不同的审美感受。我们针对不同的设计方向，在这两种不同的平衡造型中应用不一样的面料再造手段，加深视觉感受，强调设计重点。

①对称式平衡。对称式平衡是在服装造型的过程中以某一点或某条线为基本，上下或左右结构完全相同，材料、颜色、纹样完全对称的组合方式，这种对称式平衡各部分结构相同、特点统一，应用这种对称造型的服装大多以制服为主，给人庄严、稳重的感觉，同样也使人感觉刻板、严肃。为了提升对称式平衡的视觉效果，我们可以使用添加法或面料组合法等面料再造手段，以对称中心点或对称中心线为基准，在原有面料基础上添加完全对称的纹样、缀饰、颜色或材料。通过面料再造手段强化后的视觉效果会更突出对称式平衡造型的审美感受。

②均衡式平衡。均衡式平衡的服装造型不会那么呆板，它在服装造型中不追求对称，只需要在组合造型、材料、颜色、纹样时能够给人心理上的平衡即可，它没有明确的视觉重心，但需要达到整体的动态平衡，一般只要是非制服类的服装都可以采用这种服装造型。我们可以在面料上组合不同面积的大小，配置不同的色彩、纹样、缀饰来强调不对称的平衡，例如在运动服的设计中，我们可以使用不同材质、色彩的面

料去强调需要有透气性、伸展性的特点；或者在礼服的设计中直接使用不对称的款式，并用冲突性的其他材料继续破坏对称平衡。这些设计方法结合面料的再造可以让我们得到更活泼的、更不同凡响的审美效果，从而使服装达到一种协调的、韵律的动态美。

（2）节奏与韵律在加法型面料再造中得到体现

从音乐术语借鉴过来的概念——节奏、韵律正好可以诠释设计师在服装造型设计的过程中对视觉美的协调，通过可见规律有秩序的递减或递增，或疏或密变化服装要素，使用反复、对称、渐变、随机配置等手段，在对点、线、面的组合搭配过程中塑造阶段性的变化使服装看起来有着强弱、轻重、缓急的节奏韵律形象。

在服装设计中，为了更好地创造出虚实有质、疏密有间、有艺术感染力、有视觉冲击的效果，就需要在现有的面料基础上通过对点、线、面的理解，再造出有节奏韵律的美感，而能满足这种设计要求，最有代表性的就是加法型面料再造手段，在基础面料的正面或者反面通过添加的手法，借助缀饰、绣饰、填充等手段按照节奏韵律的设计要求，使原本平淡的服装造型在这些其他材料中跳跃出音符般美妙的韵律。

（3）多样统一与面料的组合再造

"统一之美是一切艺术之美的内在构成，细节美永远服务于统一美。"这是印象派大师墨索对多样或统一如何取舍的分析，在设计服装的过程中一定要处理好多样与统一的关系，它们互相依从、互相转化，从而形成了审美的一种普遍规律。在服装设计中，注重多样性的造型变化会取得丰富的效果，产生多种冲突的感染力，设计师通过对点、线、面、造型、面料肌理、面料色彩的多样性处理，创造出了疏密、大小、长短、曲直等多样性效果。而只注重多样性忽视了服装的审美统一又会使造型脱离有序的审美整体，丢失了审美所需求的和谐性、一致性、协同性，使设计失去主次之分。

为了满足服装多样统一的审美要求，我们可以应用面料组合的再造手段，在原本复杂或单一的现有面料上进行适当的取舍，从而创造出多样性与统一性相融合的审美情境。在面料组合的第一种做法就是使用质地、色彩相似的材料组合于同一款服装中，因为面料相似，所以再造出的面料容易达到统一的视觉效果，但是需要注重在形态、纹理、表现形式中强化几种面料的变化，避免因统一而忽视了多样性的生动效果。第二种做法是使用质地、色彩相异的材料，按照一定的规律组合出多样统一的审美效果。相异的材料组合非常适合表现多样性的丰富效果，但要注重创建统一性，让起主导作用的材料占相对大的面积，从而分清主次，做到多样统一。

二、服装面料的再造创新与服装款式

设计师们在创作的过程中有时会故意突出已经完成的服装设计成衣的面料表现

力，甚至会减少服装造型款式的比重，借助于经典款式的骨架而把人们对服装的审美眼光引向服装的面料上，那些仿佛未完成的作品因为造型款式的大同小异会把设计师对面料的创新突显得更为夺目，服装面料作为服装最终的载体已经成为当代设计师最适合展示才华的舞台。无论原本的服装材料多么单一、多么模式化，合理的混合搭配的各种纺织面料、针织面料、皮革材质、金属材质、动物的羽毛、亮片等等，加上对它们重新染色设计、刺绣工艺、材质拼接等再造创新的技术手段，都会展现出出人意料的多变色彩模式和令人意外的丰富肌理状态。通过对现有的面料材质进行分析，找到它的审美特点，再经过深思熟虑的强化或转化等特殊方法再造，提炼出面料根本的形式质感和细节，使将要设计出的服装能够表现出不同于简单化整理的独特状态。在服装设计创作中要了解和掌握现有市场中的面料并进行深思熟虑，或者在日常生活中积累丰富的创作素材，通过对审美思维的总结和创作灵感的碰撞利用现有服装材料创造出富有创新意义的面料再造成品，再根据已经创造出来的面料再造成品的审美特性回归服装款式造型设计，如果面料的再造创新成品相对简单就应该在款式设计中注重变化；如果面料的再造创新成品已具有丰富的质感就应该用相对简单的款式变化进行呼应；如果面料的再造创新成品拥有立体的审美元素，就应该在造型设计上尽量平展，从而更好地衬托面料的个性。通过这样的服装设计思路，既提升了原有服装面料的表现效果，又增添了服装的创新感觉，使设计出来的服装有更丰富的内涵。

通过面料的再造创新设计出的面料都具有丰富的变化、生动的表现力、立体的视觉多样性、复杂的肌理效果和多样的文案等特点。在应用服装面料的再造创新进行服装设计中，可以把再造后的面料应用于服装的局部，起到画龙点睛的作用，也就是完成服装造型审美要素中点的作用，以点为出发突出造型款式的设计，引导着装者的视线来强调美感；也可以把再造后的面料沿着服装造型款式的结构布置，强调服装设计的整体韵味、修正服装的风格，也就是达成服装造型审美要素中线的作用，以再造后的面料为线索增添服装设计的情趣；还可以把面料再造的创新效果融入整个服装中，更完美地展示了再造面料的特有效果，弱化服装款式造型的感觉，强调了整体面料的新颖魅力。我们要充分体现面料再造创新的丰富语言，在造型款式设计上应力求简洁，把设计的重点融合在材料上而不是单纯的造型款式。

三、服装面料的再造创新与服装风格

服装风格体现了整个民族、整个时代、某个思想流派或某人的服装审美思维在表现形式和内在思想层面所散发出来的服装审美价值取向、内在品格和艺术表现特色。它以单独的作品样貌或者成组的作品系列为代表，充分地体现在服装作品的各种要素中，不论是独立展示还是整体出现都会让我们强烈地感受到其特色和艺术表现的个性。当今设计师们都在追求突破、追求创新，归根结底是在追求属于自己的风格定位。在追求服装设计风格的过程中，设计师们融入了属于自己的时代和社会的审美思维，融入了自己所理解的世界整体面貌，以及属于设计师本身民族的历史传统。在追求自己风格的过程中，服装设计师们把手头的面料、工艺技术和以上的设计因素结合在一起，遵从服装的功能性，总结服装表现的艺术性，综合创造出服装面料与自身风格互为支撑的服装成品。三宅一生所创建的褶皱神话多年来一直被设计师们所传播，我们现在常用的面料再造手法中的褶皱处理在当年并没有那么实用，而三宅一生凭借对自己民族着装习惯的感情而提炼出的服装设计理念与西方立体审美思维相结合，创造出了静如雕塑般深沉，动如风拂般流淌的传奇服装，达到了自己设计风格的顶峰。

在服装设计的创作过程中可以发现，即使是在同一种服装造型款式上进行创作，只要更换了不同的制作材料就能够得到完全不同的成衣风格，所以各种不同的面料是拥有各自截然不同的风格、情绪和艺术效果的，面料通过完全不同的质地、色彩、手感表现出悬垂、硬挺、轻薄、炫丽等性格特点，服装面料正因为这种具有变化多端的性格特点才能为设计师们所用，开拓出无限可能的服装材料领域和设计风格。设计师们需要对面料的原始特性充分掌握，对面料间的搭配方式启发思考，借助审美思维的成熟重新创造面料的展示效果，从而得到崭新的面料质感、纹样和肌理，创新出化学变化般的自我风格。

想要将自己独特审美思维发展成熟形成与众不同的服装设计风格，设计师需要抓住自己设计理念的特点并找到合理的面料语言来组织到自己的设计作品中去，这就可以借助对服装材料的特质进行创新的再造，再造出符合自己想要表达设计理念的面料语言，从而有能力组织面料语言展示自己的设计风格。面料语言的重组是面料的创新再造中的抽象思维，是让面料的材质特点、肌理特点、颜色特点相互补充、相互对话、相互结合的过程，是与设计思维和动手能力相辅相成的创新性工作。例如在这种工作中可以使用捏褶法、折叠法等面料再造手段，加强服装面料的立体感觉，更好地借助面料的空间感和流动感作为设计语言来表达设计师想要描述的服装感受：一种表面流畅浪漫，内里宽松舒适的外扬内松感，在优美的褶皱中既展示了着装者优雅、浪漫的气质，又扩展了皮肤与面料的空间令人舒适，这种着装感受正好满足了都市人群对自我风格的需求，也满足了他们对空间的强烈占有欲望。再如设计师可以使用面料的加法型再造手段，为面料增添典雅、风趣的表述语言，借助这种面料的语言所创作出来的服装可以使着装者自信、开朗。有了创新后的面料语言究竟应该如何应用才能更好地体现设计理念，从而形成自己的设计风格是我们接下来需要思考的问题。服装设计的风格形成需要很多客观条件的支持，设计师所处社会时代的方方面面都会对本身的审美思维产生影响。创新的服装面料要兼顾原始面料的本身功能性，还要加强它的审美价值，要在创新的过程中找到材质间的变化，还得采用恰当的手法把握住面料语言的准确，合理地展现自己的艺术风格。在面料的再造创新中也需要理性的分析，不能天马行空的随便创作，风格的形成需要创新但不能随便，各种面料再造手段的使用要做到恰到好处，在明确设计目标的基础上有选择地创造面料语言，缺少审美思维的考虑会破坏原有材质的优点，理论和实践相结合才能确立自己的设计风格。

面料的再造创新手段也在不断的创新多变，随着科技的进步，小型加工机械化的普及，生产技术已经不再限制设计师的创作思维，面料的再造创新随着机械化工具的推广将会有更多的变化可能，这种再造面料能够更规整的完善服装设计风格，新的变化带来了新的手法，新的手法与设计理念相融合就能够创造新的面料语言，新的面料语言的应用让设计师有更多的笔墨去完成自己的设计风格。比如，借助激光机、粘合机、电脑刺绣等工具制作的成衣作品使用了嵌饰、垂饰、刺绣、褶皱、缩绣缝等工艺手段，使原本就很华丽的紫色绸缎打造出更加富丽、奢靡、豪华与神秘的感觉，更恰当地诠释了审美思维中对唯美神秘风格的联想。

四、服装面料的再造创新与服装设计

在服装设计中找到最适合的面料创新手段，使再造创新后的面料辅助设计思维，让设计师得心应手通过面料的新感受应用到服装设计里，一定不能脱离审美思维的基本规律。下面从局部和整体的角度举例分析如何才能控制得当的创新，在哪种设计环境中注重什么样的审美法则。

（一）在服装设计的局部体现面料的再造创新

为了强调特点或吸引注意力，来展示面料的创新感觉与服装整体设计思路上突出的审美点，强化局部的服装材料纹样、肌理、结构与其他面料的冲突感受，设计师可以通过面料的再造创新手段创造新的面料语言应用在服装造型的结构点上，例如服装的中心线上，或中心线两边平衡的位置，或服装的顶端肩颈沿线上，或服装的下摆上，或袖口等等。

比如一些服装在针织面料的基础上为领口周边使用填充绗缝的面料再造手法，使设计所采用的针织面料与生俱来的浮雕感更厚重的塑造成为空间的桥梁，两种相似的立体感觉相互衬托让着装者对服装的感受更觉实在。充实、厚重的领围建立在平铺、垂落的大面积面料之上，让我们看出设计师掌握了针织面料的材质特点，并通过造型审美的要求将领子处的面料强化从而突出了局部的重点。夸张的镂空织法使针织面料更具有朦胧的效果，使用小型编织机层叠地编织出的欧洲式浮雕装饰感使针织面料又潇洒、高贵起来。通过在服装结构重点中的局部面料再造创新，该服装完成了由整体衬托出重点的设计过程。

此外，一些服装如果仅仅使用淳朴硬朗的土黄色面料作为男性时装的基调，架构在结构简单的服装造型中难免让人感觉平淡，而设计师借助添加在胸前位置、互相对称的手工刺绣，在相对略亮于底色的衬托下，粗犷的线条推远了基底面料的距离，描绘出精致的服装效果，既不破坏设计师对服装赋予的男装类阳刚、硬朗的设计风格，又恰当地强调了服装整体的感觉，使该系列服装呈现出典雅、浪漫的气质。设计师摒弃了独自从服装款式造型上入手的设计思路，采取服装面料的再造创新中添加法的创造手法，让面料的刺绣纹饰作为该系列服装的审美着眼点，借助平衡的结构再造思维强化了胸前面料再造的设计影响，又用颜色的相近控制了肌理的冲突感。

（二）在服装整体中体现面料的再造创新

面料的再造创新应用到设计的整体效果中可以借助加重基础面料的本质感受来实现，或提升面料本身的空间感觉，或加强面料的颜色冲突，或加厚、减薄面料的质感。三宅一生的作品是这种面料再造与设计结合方式的经典范例。这样的设计手段需要设计师有更好的面料理解能力与材质的掌控能力，更需要设计师把握住设计审美思维的方向，结合设计与面料创新完成作品。一般这种面料的再造创新方式与服装设计的结合创作出来的作品在服装款式上都比较简洁，在服装结构上因为对面料的重组或许会有意外的变化，而面料本身的表现空间最大。

比如，一些服装通过面料的空间再造手段，选用针织面料为素材，在平整构建服装的框架后着重编织面料的空间效果，改变原有的平面架构，借助二维的面料构建出三维的空间结构，让简单的款式与单一的颜色呈现出立体的艺术造型，雕塑感随之而生。在服装结构上因为对面料夸张的编织手段而脱离了平面的空间概念，但设计思维中均衡的平衡感仍然体现造型规律的意义，尽管立体的服装空间转换角度会改变视觉中心，但整体的动态平衡又不会让设计影响着装者的心理感受。整个服装造型的面料创新设计使这系列服装给人以空间感受的冲击，又因为这种面料再造和服装设计的组合形式使最后的服装成品显示出童趣的灵活感，活泼的气氛、动态的韵律让美感在愉悦的效果中得到实现。

设计师在完成该系列作品的过程中采用了手工印染、空间造型、减法造型、加法造型等多种面料的再造创新手段，多样的面料再造手段的组合融合了不同的风格，把原本简单的面料完全改造，呈现出多样的艺术风格和材质魅力融合一体的状态。通过对部分面料的印染使牛仔布原本单一的蓝色有了冲突的视觉效果；通过大面积的剪除和镂空手法改变了面料的原有肌理，使不完整的背部区域呈现一种残缺的状态；通过钉珠、贴布、捆绑等手法为服装增添了质感冲突的花朵、修饰轮廓的金属扣等元素，让原本常见平淡无奇的牛仔面料增添了趣味性的精致和随心所欲的感觉。这系列的面料再造和设计的结合又不同于针织的那套设计，多样性的手段颠覆了人们对原始面料的固有感知，繁杂的设计语言描绘出的是在统一的空间内冲突强烈的视觉感受，各种矛盾集合一身又各自为政，散乱中暗藏规律，也同样是注重了对面料创造的探索而省略对服装造型款式创造的设计思路。

第七章 服装面料再造创新的实证研究

第一节 面料再造在戏剧服装设计中的情感呈现

一、戏剧服装设计中常用的几种面料再造技术手段

（一）印染与织绣

印染与织绣是现在戏剧中最常见的一种面料再造的技术手段。

传统印染技术一般是指通过丝网、套版等技术，在一般面料上印上图案或其他特定的色彩。而染，则主要是通过化工染料染出首要的色彩和肌理效果。常用的有蜡染、扎染、泼染等方法，这类方法都是对面料进行简单的色彩和图案的平面设计。这两种方法尽管通常都放在一起称为印染，但本身所再造出来的面料效果是完全不一样的。

现在，数码印的技术在戏剧服装制作中的运用基本上可以完成过去传统上的印和染的所有功能，甚至逐步可以替代一些立体的肌理和刺绣图案的功能。这类技术的更新也从一定程度上缩短了传统手工艺制作的时间，最终形成的图案也更加精准细致。

织绣工艺主要是指用棉麻丝毛等纺织的材料进行织造绣制的技术手段，其实织绣的技术手段有很多，包括大家生活中常见的刺绣、民族服装中常用的织锦，还有花边、珠绣、手工编结等。大部分的织绣作品具有很高的艺术价值，就拿其中的刺绣来说，风格就有很多种，传统的中国刺绣主要有四大名绣，另外少数民族也有各自不同的刺绣工艺，从种类上来说更是极其丰富而变化无穷。而戏剧服装的制作中对刺绣的要求更多的是注重其"质感"而非各类风格。所以，戏剧服装中的刺绣强调的是对面料的"再造"功能，而非实用功能。但戏剧服装的刺绣其实又是一种传统的"面料再造"。除了色彩、质感外，更多的是起到与本来的面料共同塑造人物质感的作用，比如说宫中大臣或位高权重之人的服装上大多会用极具厚重感的立体包绣从而达到一种庄严

的仪式感，而为了展现女子的柔美和灵动就不能用与之相同的刺绣工艺，换而采用一些针脚细密、色彩淡雅的方式面料则更为轻飘。

"面料再造"在戏剧服装的制作中，不但是一种非常有效的技术手段，也是最简洁而出效果的一种方式。比如在体现歌剧《高山流水》的设计意图时，很大一部分角色的服装都采用了印染和织绣的服装。"高山流水"的故事大家都不陌生，主要角色是伯牙和子期，描述了一个"知音难觅"的悲情故事。在这部剧中，作者塑造了一位喜好靡靡之音的晋王和一位杀戮成性、暴怒无常的楚王。他们都不可能是真的喜欢天籁之音的人。所以，根据人物个性，在选择面料上，为"晋王"设计了金色面料，然后用其他亮色稍加装饰的金色绣，加金色线盘绳绣，突出晋王好色的人物特性。而"子期"尽管也使用了盘绳绣的再造工艺，但是以粗麻绳为主的盘绳绣。因为他作为一个乡野村夫，在身份上要与"晋王"有一个很好的区分，而且在绣的图案上又有艺术的加工和处理。

（二）手绘与综合材料

在面料再造的呈现过程中，手绘及综合材料的运用也是经常用到的一种面料再造的技术手段。手绘主要是用笔直接画在面料上，不受固定现有色的制约，能随心所欲地控制，色彩或浓艳或淡雅，或繁杂或简约。这种直接的加工手段不仅能够完全体现设计师的设计意图，同样也有很强的艺术效果。当然，将这种手绘的方式与印染相结合又会是另一种全新的表现手段，也使手绘效果更加多样化。在实际的创作体验中常常用手绘与综合材料体现有以下几种：

（1）立体塑造

通过手绘，借助笔将丙烯颜料把图案或者要塑造的立体效果呈现在制作好的服装上，丙烯画颜料是一种常用的绘画材料，一般色彩比较鲜艳而且易干，画完以后也具有抗水性，不容易干裂，附着力也大。在实践项目的旅游演出《火秀》中就用到了手绘的立体塑造。在这个演出当中，第一幕是从远古开始的，对于原始人的肉色氨纶衣，在氨纶衣上的肌肉和图腾，就需要用手绘来体现了，演员穿上氨纶衣以后就有了一个立体的塑造。可能有人会觉得没有必要，用数码印就好了，简单又省事儿，但是真正在实践中用手绘塑造立体效果以及图腾的时候就会发现，这种方法更容易出效果，而且显得很"活"，不会像数码印一样显得死板。在这儿用到这种技术手段，主要还是因为在作品中对原始人的角色体现，而这种手法有原始感觉的效果，不用精致的细节处理，正好符合原始图腾艺术要求。

（2）化学再造的做旧处理

歌剧《红色娘子军》改编于同名京剧，这是大家耳熟能详的一个故事。这种年代戏在服装款式上不会有太大的改变和设计，毕竟戏剧中所有用到的手段是要符合戏剧年代和人物背景的。所以在设计时选择在面料上下功夫，方法没有那么复杂，但是效果确实是很意想不到的。《红色娘子军》作为一个革命时期的戏剧，服装本身要有一定的怀旧的感觉，所以对面料进行了做旧再造，主要是利用生活中常见的 84 消毒液配上一定比例的水稀释，用在面料上，这种液体的腐蚀性会对面料形成一定的褪色和变旧的效果

（三）褶皱肌理

褶皱肌理是一种表现很丰富的面料再造手段，通过对布料本身做褶皱处理，或者复合一层新的面料做褶皱处理的面料来塑造肌理。褶皱的处理方法有很多，通过重叠、排列、组合等处理技巧及疏密结合的手法，形成创造出井字纹、人字纹以及不同变化纹理等褶皱；还有一些有规律的平行褶，或者是没有规律的平行褶，抑或是没有规律的随意褶，最后形成褶皱的形式有很多。同时将这些不同效果的褶皱放在服装的不同部位，给人带来的感觉也是不一样的，这要根据设计师对于戏剧中形象的把握来塑造。其实在很多戏剧服装的肌理处理上，很多再造的方法是综合使用的。例如彩绘和褶皱、化学褪色和物理破坏等等，都是综合使用的。在前面说过的两部戏中，这些再造技术几乎都用到了。这也是戏剧服装设计的重要的特点之一。当然这种褶皱的技术手段如果用不好，反而显得烦琐而不出效果；如果褶皱肌理手段运用得当，既能突出戏剧人物，又可以形成自己独特的艺术风格。虽说这种褶皱技术手段很常用，但每一部戏所呈现的艺术感觉又是不一样的。

（四）做旧的特殊效果

（1）贴补做旧

所谓的贴补做旧，跟过去补补丁是一样的道理。通过将一些综合材料经过艺术性的加工组合，将选择好的一些布料复合在一起，然后重组，形成一个新的整体，再造出高低起伏、错落有致的新颖而独特的肌理效果。在贴补的过程中，可以漏出毛边，甚至专门把面料的边缘做毛，用明显色差的线将其缝合，形成了跳跃的拼接纹理，加上其他的做旧效果，将破旧的效果做得淋漓尽致，呈现出源于生活又高于生活的艺术作品。比如歌剧《蔡文姬》，以蔡文姬的绝世才华与具有强烈悲剧色彩的人生为主线，深刻揭示战争给人民带来的极大痛苦，体现和抒发了蔡文姬流落异乡、思念中原、期待和平的强烈愿望。

在这个歌剧中，对于流民的服装材料的重组，用十几种面料贴补重组。当然不是随便几种面料的重组，选择的面料要互相有协调性，重组的过程也是复杂的，比如加

一些破碎处理，一种补丁艺术呈现于我们眼前。很多年代戏在做旧时，为了体现贫穷老百姓的服装，也可以采用补贴补丁的方式来体现，当然这些补丁的位置也不是随意贴补，肯定是要考虑生活中我们服装最常磨损的位置，毕竟戏剧也是源于生活的真实，所以服装既然是为戏剧服务的，当然更要源于生活的真实。

（2）残破做旧

残破做旧常用的几种手法是撕破、磨洗、烧残、刷鞋油、染血色等，这些也是最直接的做旧手法。例如歌剧《红色娘子军》中女主角琼花最开始被南霸天欺辱，她的服装肯定是残破而又血迹斑斑的。而撕破、烧残、擦鞋油这些"一般再造技术"都是最直接而又有效果的一种手段，直接呈现给观众琼花作为当时最穷苦百姓所遭受的苦难。

在做残破效果的过程中，不是随便找个地方就撕裂烧残的，根据角色的形象特征去做艺术化的处理，在某些地方要做褶皱肌理的处理，有些是在褶皱的基础上做残破，丰富了艺术性的残破张力。

（3）几种不同手法的共同运用

对于上边几种方法结合所塑造的效果又是另一种艺术感觉了，在笔者实践作品舞剧《风筝》时，就是将上边几种方法结合用的。

舞剧《风筝》以和平、爱情为主题，以"比翼燕"风筝为主线。作品没有直接体现和表明战争的残酷情节，也没有双方军人交战的场面，而更多的章节放在了描绘了一对中国青年美好的爱情上，通过塑造剧中人物关系和情感的变化，巧妙地体现了战争带给我们无限的伤痛。当美好的爱情被战争毁灭，战争的罪恶得到了最直接的揭示，"反对战争，祈愿和平"的主题得到了最震撼的呈现。在这个剧中，女主角采用了绣花染色以及手绘的方法，在她的身上要有能突出她身份的细节，又要有一定的艺术处理，染色后，再用手绘的方法，再用上发泡浆，经过加热加工处理，让面料有了凹凸不平的肌理效果，加上手绘的方法，让整个服装既有细节，又有旧时代的服装的肌理效果。而男主角的服装肌理呈现的很少，突显一个干净利落的年轻小伙子的形象，这两种肌理的明显对比，为以后残酷的现实做了一个隐喻的铺垫。而且在男主角牺牲以后对于战争的愤恨的一个场面中，所有群众的服装都变成了统一的不均匀而且从浅灰色渐变到深灰蓝色，综合运用了上边提到的几种技术手段，强化了人物悲愤的情绪，为批判战争的罪恶做了有力的辅助铺垫。

二、服装质感的情感呈现要依靠技术手段的支撑

服装质感的呈现是为了戏剧中角色所想要呈现给观众的角色特征和情感体验，本

着这个重要的原则，在服装再造中既要体现设计师的设计理念，又要遵从角色想呈现的内容。

（一）从歌剧《杜鹃山》到《红色娘子军》

很巧的是，这两个歌剧都是根据同名京剧改编，都是在革命时期女主角智斗恶势力的故事。但是这两个剧的设计我们的创作手法又是不一样的。在本着体现角色的原则基础上，标新立异，戏剧服装本身就是对生活服装的夸张化处理。对于面料再造的呈现，更增添了服装所给角色增添的戏剧张力。

歌剧《红色娘子军》除了歌剧的形式，还被改编为各种形式演出。比如电影、芭蕾、京剧、电视剧等。剧中人物塑造生动有趣、个性鲜明，既有滑稽可笑而又可恶的老四，也有恶霸地主南霸天，还有革命信仰坚定的英雄洪常青，更有贫苦中挣扎抗争又走上革命道路的吴琼花。所以在服装的款式上依据海南当地的气候特点，以短款为主。红军的款式变动不能很大，毕竟要还原生活真实的，所以在肌理上做了一些大胆的处理，对面料进行了再造设计，呈现一种旧社会时期服装的朴素、破旧。比如剧中"连长"的服装我们款式没有大的变化，在肌理上附上一层豆包布，而且要将豆包布做不规则的褶，将布料做了不均匀的扎染也增加了服装的陈旧感。而扎染过程中，选择了比现实中红军服装色彩更重一些的色号，这体现了连长刚正不阿的一个性格特点。在重色的基础上，用84消毒液处理面料，让有些颜色褪色，增加陈旧的感觉，而且肌理更明显。

当然不是随便在一些地方用这个方法，而是经过艺术化的处理，在衣服下边往上做了一个渐变随意的褪色，这样下边偏浅色，上边还是原来的深色，形成一个自然的过渡，这种浅色和深色的对比也增加了人物性格的张力。而吴琼花在刚开始出场的时候，是一种穷苦百姓被欺凌的感觉，所以不但要采用84消毒液做旧，还要加上上文中提到的撕裂做补丁等技术手段，再填一点血迹斑斑的痕迹，活生生地塑造了一个从苦难中解脱出来的人物形象，更突显了她在这种被欺凌的情况下心里的悲愤效果。所以，每种面料肌理的再造都有自己独特的情感呈现，这其中都渗透着设计师特有的审美意识和审美趣味的创造力。

歌剧《杜鹃山》讲述的是党从井冈山派柯湘到杜鹃山领导一支农民自卫军，途中柯湘被捕，恰巧被自卫军营救。后来，柯湘担任了自卫军的党代表，带着自卫军和群众对抗地主武装头目"毒舌胆"最终取得胜利的故事。

在这个剧中，人物性格也是有很鲜明的特征，有可憎的叛徒温其久，有可恨的地主武装头目毒舌胆，也有为人民群众着想的柯湘，还有勇敢果毅的雷刚。在人物的设计中，主要在服装面料上花费了大量的功夫，想突破以前像歌剧《红色娘子军》里面常用的面料再造的手法，创新出具有一定艺术性的符合时代特征的一种新的形式。在面料再造中色彩的体现，是以扎染为主，而扎染的主色调想用一种回忆过去老照片的艺术情调去展现，用老照片那种褪色发黄的色彩为整体戏剧的主色，既有设计师独特的风格理念，又有符合这个戏剧本身的旧时代背景的要求。在面料再造的肌理方面，主要以褶皱肌理的塑造方法为基础，在服装的结构上，加上褶皱肌理的再造，也以不对称的形式体现补丁的概念，这种补丁也更有艺术性，不单单是传统意义上的补丁，也是一种具有丰富语言的肌理质感。在褶皱肌理的基础上，用发泡浆和丙烯颜料这些化学用品对面料进行了再造的处理，形成了一种风格化的形式。

通过对面料的应用来表现和取代现实生活中常见的情感，不单单使这种面料的再造配合戏剧营造的气氛，同样通过再次设计和改造的服装穿在每一个戏剧人物的身上，配合其表演的带动让角色更加鲜明地映衬在观众们的心中，也使戏剧服装真正意义上成为一种"说话"的艺术。

（二）儿童剧《鱼跃龙门》

儿童剧《鱼跃龙门》主要讲述的是小黑鱼"石头"，在自己还是鱼卵的时候被现在的妈妈捡到，然后在妈妈的引导下，改变"黑鱼"种族基因带来的恶习，珍惜友情，勇于担当，励志蜕变的故事。这个儿童剧的故事不是直接讲道理，而是一种源于情感的潜移默化的力量，让孩子在成长的过程中学会表达爱的方式，而不是忽略。

在剧中，音乐是最直接引起观众情感共鸣的，很多观众都感动落泪，而服装是不能直接引起观众的这种细腻感情宣泄的，它只能通过侧面的修饰和体现人物的角色特征，启发演员的一些表演灵感，让观众为之动容。在儿童剧《鱼跃龙门》中，服装制作的要点表现在两个方面，一方面注重观众的年龄层面是十岁左右的儿童，因此服装制作要考虑颜色鲜艳、造型可爱。在肌理处理上，会运用一些简易夸张的形态来表现角色的特征，引起孩子的共鸣。另一方面要表现戏剧中人物的形象。

在这个剧的服装设计理念上，主要是采用了写意仿生的创作手法，所以在制作的过程中，要在一定层面上还原设计图的创意，作为鱼的族群，服装的制作中肯定要有鱼鳞的体现，当然也要从现实的预算来考虑，采用了刺绣鱼鳞片的手法，分几个型号的鱼鳞片，在"鱼"的服装上印出鱼鳞的形状以后将这些鱼鳞片贴合在服装上做装饰，相比直接在服装上刺绣要生动很多。对于鱼族群中男女的区分我们是在面料上做了软硬的区分，尤其是像小黑鱼这个角色的鱼鳍，采用了纱与纱之间加复合材料黏合在一起的复合面料，形成比较硬挺的鱼鳍效果，而且也增加了面料肌理的层次，表现了小黑鱼倔强勇敢的一种情感特点；而小黑鱼属于黑鱼族群，但是从小被珍珠鱼妈妈收养，所以它的特性又跟黑鱼有所区别，所以在染色喷色的过程中采用了暖黑色，而黑鱼族群采用了冷黑色。

所以在戏剧服装的设计中，戏剧服装面料再造的表现手法有很多，将它们有机地结合起来也丰富了戏剧服装造型的语言。

（三）面料创新和情感呈现

情感世界在戏剧的艺术创作中占有重要的位置，情感作为一种心理活动，又常常伴随着某些具体的情绪体验，所以情感体现的是戏剧的直观感受，具有一定的短效性。艺术家常常在某种情绪的驱动下有了自己独特的设计风格和创意思维，通过对戏剧中人物的深层剖析来表现深层的情感并以此揭示艺术的精神实质。

面料再造是设计师思想的延伸，是灵感和创造力的结合，对于戏剧而言，是具有艺术感染力和情感呈现的二次创作，具有一定的创新性。面料再造设计的情感体现不是将各种技术手段运用的简单相加，而是需要设计师把情、理、形、韵融合于技术手段当中，以艺术的形态展现出来，既需要设计师的直觉和创作灵感，更需要理性的调控面料再造形成后的实用性，最终展现的情感倾向也会变得清晰明了，加上恰当和准确的设计表现形式的选择，最终设计师所想要表达的剧目中人物情感效应会被充分地表现出来。

面料再造的过程跟设计过程其实是一样的，有时候也是要有灵感的驱动，在这种灵感状态下产生飞跃性的联想。

设计师在戏剧服装设计时考虑到观众的心理感受，在坚持自己设计风格的同时，掌握艺术风格、戏剧人物特征、设计创意点、面料再造等方面对于情感因素的影响尤为重要，使得最终呈现的作品不再只是一个戏剧服装的实用性，也具有了艺术审美性，满足了观众对于戏剧理解的心理需求，不单纯是角色的外壳，也是人物个性的一部分。

比如在前文中提过的舞剧《风筝》，女主角杨春燕在男主角为救他们死后一场刻骨铭心的告别，称为天堂婚礼舞。在这里，女主角杨春燕的服装以白色为主色调，一方面是对男主角死后的一种哀悼，另一方面是一个想象中天堂中的婚礼。在这个服装的面料再造上，里面也有绣花的技术，但也是以白色绣线为主、银色绣线为辅，既突显了是一种婚礼中的服装，又表现了女主角心哀的一种情绪的宣泄，而且在面料的肌理上，还做了一些纱的复合，将纱打湿做成乱褶，在整块乱褶面料上打规则的褶附和在衣服的基础面料上，增强了女主角内心的悲痛而纷乱的情绪。

如今戏剧服装的设计作品越来越多样化和风格化，设计师对于服装制作中质感运用方法也更多样化，设计师对于质感和设计风格的把握更能体现现代社会对于戏剧人物的表现。面料再造这一传统而又现代的技术，也随着面料的发展呈现出不同的肌理样式。由于戏剧样式的发展，更多的设计师注意到面料再造对人物塑造的重要性。更多的作品在面料再造上也体现着更广阔的创新领域。所以，研究和实践面料再造对戏剧服装设计的作用，依然是一个具有实践意义的课题。

服装面料的再造过程也不是一朝一夕就能利用好的，需要设计师们经过长期的实践总结来实现。只有通过服装设计师对这种关系的灵活感悟及运用，掌握戏剧服装的传统设计方法，在传统的基础上给予新颖而又恰如其分的新质感语言，才能真正地在这个专业上站得住脚。

第二节　面料再造的增型处理在礼服设计中的运用

一、褶皱增型处理

礼服中运用最为广泛也变化最为丰富的，当属褶皱增型处理。褶皱增型处理作为一类常见增型处理方式，被频繁地使用在各类礼服设计当中。褶皱有着悠久的历史，褶皱作为一种面料存在的形态，被定义为两种方式：其一是自然状态下面料本身柔韧度的不同，经由一定的弯曲转折变化而形成的一种自然褶皱；其二是经由人体在对服装进行穿用的过程当中所产生的一种机械化的纹理痕迹。本章讨论的重点褶皱增型处理的概念，是基于以上定义下的一种人为的装饰性操作，用以实现对设计作品形式、内容等的丰富表达。褶皱增型处理作为一种服装效果的重要表现手段，不仅仅是对服装造型结构的创造，也是基于服装材料而产生出不同肌理效果的手法创新。褶皱增型处理是礼服设计中频繁使用的一种面料再处理方法，通过对面料的不同加工处理，比如皱缩、折叠、牵拉等工艺手法，将原本二维的平面结构产生出不同的空间、肌理效果。

褶皱增型处理在我国历史中的各个时期也有着广泛的应用。在各个朝代的不同服饰风格中，注重的是褶皱增型处理作为服饰整体效果的一种装饰手法，是对穿着者本身的一种动态表现。由于受到当时服饰工艺手法因素的现实约束，在我国历代服装中的褶皱增型处理并不是针对局部的细节装饰处理，而是对于服装就人体自身的一种意境以及韵味的效果表达。例如闻名国际的敦煌壁画中所呈现的飞仙服装造型，衣裙中的褶皱随着姿势的摇曳变化而展现出不同的状态，表现出强烈的艺术感染力与动态效果，为服装整体带来流动的审美韵味。再有汉朝时期流行于世且颇具名气的褶裥裙，其造型与结构并不复杂，是将腰围处的衣料进行规则的折叠褶皱处理，延伸长度至脚面的半身裙。此类造型的百褶裙不仅通过褶皱增型处理展现出丰富的形态变化，而且对裙摆处的围度放宽起到一定作用，添加了人体穿用的实际功能效果。以上种种在我国历朝历代裙装中出现的不同类型的褶皱，皆以尊贵大方的气势和优雅流畅的整体韵律为主要表现，而非对褶皱增型处理对细节的表达，强调的是一种审美意境的传递。对于西方历史中服装的发展研究发现，褶皱增型处理作为一种设计元素普遍存在于西方历史中各个时期的服装风格当中，例如古希腊、古罗马时期以及巴洛克时期的不同褶皱的处理运用。

古希腊以及古罗马时期对于自然悬垂性褶皱这一增型处理的表现形式尤其强调。这一时期的文化如同建筑雕塑一般，推崇的是人们对于自然的向往，在服装发展中的体现即对人体本身的自然美的展现以及面料受自然力影响下的曲折变化。例如标志性款式"基同"。这种类型的服装是直接将一定面积的块料，直接披挂或者是缠绕在人体之上，而并不对其进行裁缝，同时用别针或者绳带系扎用以固定。这样的穿着方式，会令服装产生许多的自然垂褶，使得整体效果具有丰富的层次和变化。古希腊、古罗马时期的众多服装，同样并不注重对褶皱装饰细节的塑造。在于通过一定的折叠、缠绕手法，将面料最自然的一面、与人体最舒适和谐的一面展现。巴洛克时期对于服饰中出现的褶皱增型处理变化更为丰富，主要是以装饰性风格为设计重点，以宫廷风格的服饰为主流引导，其褶皱增型处理的应用也充满了夸张、奢华、烦琐等特点。这一时期的褶皱增型处理除了被运用在对胸腰臀造型的比例控制上之外，还运用在领口、袖边、腰臀部、裤脚等位置的装饰效果上。采用足量的堆褶、抽缩褶、闭合褶裥等工艺手法进行装饰，营造出膨大的空间立体效果、丰富的层次感以及强烈的装饰意味。

褶皱在礼服设计中，是对轮廓造型的创新、装饰的添加；是对面料原本的形态进行改造；是对设计中的局部细节的探讨。褶皱的增型处理能够使设计作品达到具有一定的动势、装饰细节、肌理变化的目的，对于设计的细节表现起着重要的作用。在不同地域的不同背景文化的影响下，褶皱增型处理有着不同的表现手法以及应用，发展出了多种的效果演绎。本章通过对礼服中领部、肩袖部、胸腰部位的褶皱增型处理分类、梳理，探讨礼服设计中常用的褶皱增型处理，其运用方法以及形式表现力，对整体风格带来的影响。

（一）领部褶皱增型处理

领部褶皱增型处理是在人体脖颈位置周围，基于一定的服装领型基础，进行的一种增型处理。在设计作品中，对领部造型的处理是把握整体服装风格造型的要素之一。由于领部位置接近人的面部五官，所以对领部造型处理是否得当，直接影响到穿用此服装的人的整体形象。因此，对领部褶皱增型处理的方法研究尤为重要。礼服中领部的褶皱增型处理有多重工艺手法，如折叠、牵拉、堆积、捏合、烫压等创造出丰富的艺术效果，满足各类设计风格的要求。领部的褶皱增型处理不仅仅有夸张的大波浪立体褶皱造型，也有自然温和的细腻褶皱肌理。

1. 立体式波纹褶皱

立体式波浪纹褶皱是基于领口造型之上，将具有一定宽度的面料，经过一定的塑形处理之后，再用折叠、压捏等手法将面料形成波浪纹造型，最后将其固定在服装的领口线上。在华伦天奴 2016 秋冬高定的秀场中，可以看到大量此类领部褶皱的应用。并通过不同面料的材质、颜色等进行丰富变化，最终产生不同的视觉效果。这种类型的领部褶皱增型处理，其实是对西方服装史中曾经风靡一时的车轮领的复兴。这种出现在 16 世纪中期的欧洲时尚圈内，其工艺手法非常复杂精细，造型夸张且僵硬，以至于在一个世纪之后便不再流行。而华伦天奴此次高频率使用的立体式波浪纹褶皱，就在这种车轮领的基础之上的一种变形。在其中我们可以发现，这些领部褶皱增型处理的特点，是对一些不同硬度、厚度的材料，将其边缘进行包裹处理，使得面料受到一定张力、韧度的牵引，以至面料能够更好地变化造型。再经由皱缩缝合或者立面缝合，这两种手法进行最后的固定，这些处理手法是对于最终的波纹立体褶皱造型效果，起到关键性的作用。这种领部的褶皱增型处理在古琦（Gucci）2016 年的春夏秀场以及杜嘉班纳秀场上也有少量运用。

（1）皱缩缝合的立体式波纹褶皱

皱缩缝合的立体式波纹褶皱是在上述前期处理好的基础之上，将褶皱固定在衣身上的一种工艺手法。皱缩缝合的缝合方法是，将领部需要褶皱变形的面料，与衣身相连接处的边缘对齐后，挤压堆叠适当的重合量，最后通过线缝固定住，通过对轻薄的带有一定柔韧度的纱质面料、薄透的柔软丝质面料，以及具有一定厚度与韧度的棉质面料的不同选用，创造出不同的艺术风格。这类处理手法创造的领型褶皱具有明显的造型，对车轮领的变化处理带来一种浓烈的复古韵味。

另一种立体式波纹褶皱与上述工艺手法不尽相同，是将面料进行局部抽褶、捏褶处理，经过固定之后产生一定的肌理效果，再由领部表现出自然放松的一种波纹褶皱效果。

（2）立面缝合的立体式波纹褶皱

立面缝合这种类型的工艺手法，是将前期经由裁剪、包边等处理好的需要使用在此处的面料，垂直附着在一个类似立领的底座之上，按照设计好的波纹褶皱边缘进行缝合固定，分别是对于中等厚度的柔棉质不透明面料、较薄厚度的硬挺面料轻薄的透明纱质面料以及不同厚薄程度的材料使用，展现的是不同的艺术效果。

2. 肌理式细密褶皱

所谓肌理式细密褶皱，是将面料捏取细小的褶皱量按照一定的方向进行聚拢，产生一种细密褶皱的纹理效果。华伦天奴（Valentino）在 2016 春夏秀场作品中，在其领部位置也多次运用此种褶皱增型处理方法。这种肌理式的细密褶皱一般都是利用抽缩类工艺手法进行制作，它应用在领部时一般分为两种类型：一种是作为花边褶皱装饰，在经过细密褶皱手法处理之后，拼接到衣身处的连接式褶皱；另一种是通过在领部进行细密褶皱的抽缩处理，使衣身处产生大面积的褶皱肌理效果的一体式褶皱。这种褶皱可以在领部呈开放式或者闭合式，根据服装的具体风格以及部分功能决定其造型方式。

（1）连接式褶皱

连接式细密褶皱根据不同的裁剪方式，也会产生不同的效果。这一季的作品中，主要是将面料裁剪成需要的大小、宽窄，在衣身的领口部位进行拼接装饰。有一些连接式褶皱在领部的处理是将褶皱面料的接缝的部分隐藏于衣身内部；而有一些则是将所有褶皱暴露于衣身外部，由中间任意位置进行缝合。这样的处理使得细节处更加充盈细腻，具有自然梦幻的视觉感受，以及独特的装饰性效果。这种领部的褶皱增型处理也在古琦（Gucci）2016 年的春夏秀场以及杜嘉班纳秀场上运用。

（2）一体式褶皱

如上所述，一体式褶皱是经由领围线或者服装领口处进行抽缩处理，使得整片面料产生丰富的细密褶皱肌理效果。在此次秀场的作品中也充分运用在领部的处理细节上。其主要的变化同样也是在对不同质地、颜色、厚薄面料的选用上产生差异。特殊之处在于，添加了金属颈环的装饰，使得褶皱在领口处分为两种方式附着，一种是缠绕在金属装饰之上的闭合处理；另一种是外附于金属装饰之上的开放固定。

（二）肩袖部褶皱增型处理

在礼服造型中肩袖部分的褶皱增型处理，除了在表面装饰上起作用以外，最重要的是对穿着方式的影响，需要结合服装的实际穿用功能进行适当处理。根据不同礼服基础造型的不同褶皱处理，是我们对此进行研究的主要方向。例如单肩礼服的褶皱增型处理，重心一般都放在承托衣物的那一边肩膀上；双肩礼服的褶皱增型处理上则会有对称或者不对称等多种手法；套头式礼服则大多强调表现褶皱肌理等。而袖部的褶皱处理则需要考虑到人体胳膊的活动量，以及袖山处的转折处理等等。

（1）缠绕式褶皱处理

缠绕式褶皱处理主要分为两种情况：一种是将面料经过捏褶处理之后，再通过一定的缠绕方式进行造型；另一种是经由缠绕手法直接进行造型褶皱处理。缠绕式褶皱处理，可以是在礼服的肩部、袖部位置单独装饰或制造肌理效果，也可以是围绕肩袖这一区域进行整体包裹、缠绕的造型。阿玛尼（Armani）在 2016 秋冬这一季中的缠绕式褶皱造型处理，多是在肩部位置使用，通过折叠、系扎，产生立体的大褶皱造型。将大块面料从右肩处披挂由后背缠绕至身前左肩下方，并将面料进行扭叠后用一粗绳系扎固定。这种不规律的随意褶皱处理，带来自然肆意洒脱的随性感，同时大面积面料的褶皱使用，带来呼应秋冬季整体的厚重格调。也有一些在肩领位置的缠绕褶皱处理，将前衣片在胸部转省处理后，经由领部缠绕至右肩附近，同样也是用粗绳穿插固定，为设计作品带来独特的细节。华伦天奴（Valentino）在2016春夏秀场中在肩部多次使用的缠绕式褶皱，使用的是缩褶处理手法，将面料在肩缝处进行通过缝纫手法制出自然褶皱效果。缠绕式褶皱在华伦天奴这一季的肩袖部位使用中，主要表现手法是将本身具有一定褶皱肌理的面料在肩带处缠绕，创造富有古典气息的造型风格。

（2）折叠式褶皱处理

折叠式肩部褶皱处理是基于压力定型产生的平面化褶皱，这种褶皱既可以拥有平整的表面与规律的褶皱效果，也可以产生活泼跳跃的不规则褶皱效果。规律平整的折叠式褶皱处理，给人一种正式、规矩的感觉。在华伦天奴（Valentino)2016年的走秀作品中，折叠式褶皱处理在肩袖部造型中，出现在肩袖转折、局部肩带等处。在肩袖处利用折叠式肩部褶皱处理，对具有一定塑形效果的面料，塑造如建筑物般的结构转折，规律的折叠痕迹带来整洁高级的心理感受。然而另外一种同样被用在袖笼处的，不规则的折叠褶皱处理，则是截然不同心理感受。在袖笼处与衣身拼接的一处肩袖转折，采用相对柔软、透明的面料，通过折叠式褶皱处理加工出多处不同宽窄的不规则折痕，带来的是一种轻盈、活泼的局部风格。

（3）膨起式褶皱处理

膨起式褶皱处理是经常出现在袖部的一种褶皱增型处理手法，通过这种手法处理可以产生出立体蓬松以及夸张的造型效果。膨起式褶皱处理是将面料经过抽褶工艺处理，产生出具有一定空间体积的立体造型，对不同材料的选用会产生不同的艺术风格，阿玛尼（Armani）在2016年的秀场中，在肩袖转折处进行造型强调时，使用的是相对厚重的、具有一定硬度的面料进行膨起式褶皱处理，形成装饰性较强的夸张造型。而在袖口处进行膨起式褶皱处理时，则选用的相对轻薄的面料，产生出蓬松、丰盈的空间感。在艾丽·萨博（Elie Saab）秀场中也有此类褶皱增型处理的运用。

（三）胸腰部褶皱增型处理

胸部位置的褶皱增型处理主要有两种不同的功用，一种是在贴身型的礼服中，利用胸部褶皱增型处理的立体感官，使服装更加贴合人体胸部的曲线造型；而另一种，则是将胸部褶皱增型处理作为一种装饰性的结构运用，利用褶皱增型处理来丰富设计的效果，产生一定的肌理变化。正因为这种特殊性，胸部位置的褶皱增型处理也被赋予了更多的意义。例如胸部褶皱增型处理对人体表征缺陷的改善，针对胸部平扁的穿着者如何避免对此方面缺陷的暴露。比如说，通过在胸部位置利用褶皱增型处理打造饱满的空间效果，进而补充胸部平扁所带来的美的缺憾。这样的处理会使胸部位置从视觉上看来比较立体充盈，不仅具有装饰美化作用，更是将人体部分缺陷掩盖，提升整体穿着效果。这也是胸部褶皱增型处理值得被研究的价值所在。设计师在对胸部位置进行褶皱增型处理时，往往需要结合这两点进行创造。

腰部作为整个人体的视觉中心，是视线集中的落脚点，在礼服造型创意中对腰部细节的褶皱增型处理是十分常见的，和胸部位置的褶皱增型处理功用相似，既包括使服装造型更加符合人体曲线，也包括为人体穿用时需要的活动松量进行装饰性的表达。在礼服造型中，腰部的褶皱增型处理大都是作为与下身裙部的接合，对于腰部的褶皱处理对裙装整体造型尤为重要。

（1）发散式褶皱处理

发散式褶皱的形式是以一个中心为集中点，分别向周围方向进行线性的发散。线性发散式褶皱可以是规律的机械褶皱，也可以是不规律的自然褶皱。可以根据不同的风格要求，使用不同的表现方式，产生出千变万化的艺术效果。艾丽·萨博（Elie Saab）在其2016秋冬秀中有一款深蓝色珠光缎质曳地晚礼服，这款服装的胸腰部褶皱增型处理便是中心发散式褶皱形式，以腰部左侧为集中点，分别向胸部、裙摆等方向发散。其中经由胸部的发散褶皱进行了闭合压褶处理，呈现平整的褶皱肌理痕迹；而向裙摆处发散的褶皱，则是在左腰部集中堆褶。其开放式的自由褶皱，除了随着身体的走动带来丰富肌理变化外，还产生了放宽下摆的廓形效果。同秀场中的另一款深蓝色曳地缎面抹胸晚礼服，也是运用了中心发散式褶皱增型处理。不同之处在于，此款礼服中的褶皱分为两个不同中心发散，上半身胸部褶皱是由腋下右侧向左下侧呈弧形发散；下半身腰臀部由左侧跨部向右下方发散。上半身规律却不死板的大褶皱造型，为整体效果带来温和的优雅质感，腰带装饰，更显独特。华伦天奴（Valentino）2016春夏高定中的一款白色百褶曳地长裙是另一种发散式褶皱的增型处理，这款服装由左侧衣缝处发起细密规则百褶，经由胸部向右肩处发散，并在衣片周围拼接纱质抽褶装饰边缘。白色亚光质地面料的规律平压褶给人带来庄重质感，而与纱质褶皱拼接的设计则添加几分少女的活泼自由之气，另外胸部与腰裙部褶皱的不同方向，更是对肌理效果的丰富对比。

（2）立体式褶皱处理

立体式褶皱增型处理出现在礼服的多个位置，而在胸腰部位的立体式褶皱增型处理作用各不相同。例如在胸部的立体式褶皱多是作为造型装饰，或者丰富胸部空间效果；在腰臀部的立体式褶皱则多为强调整体造型的比例关系而变化。阿玛尼（Armani）

2016秋冬秀场中的几款设计，给我们展示了这种立体式褶皱的变化处理。这两款长礼服都在腰臀部采用立体式褶皱的增型处理，利用褶皱对面料产生堆积的空间效果，膨大的臀部廓形与紧贴人体的上半身与细长裙摆产生强烈对比。褶皱采用的是闪光面料与哑光面料的拼接，产生一种独特的新潮美感；褶皱则采用的是绒面吸光的面料进行相同褶皱处理，带来的是回归复古的优雅之美。同场秀中的另一款无袖连身长裙，则在胸部位置利用立体式褶皱增型处理，将花色面料围绕胸部进行堆褶、穿插。该褶皱造型似倒置的蝴蝶结形，延伸出的一角搭在右肩之上，为整体设计带来无限趣味。

二、刺绣增型处理

除褶皱增型处理之外，第二类增型处理惯用手法就是刺绣增型处理。刺绣作为十分古老的一种手工技法，有着非常悠久的历史。刺绣增型处理是一种在纺织物表面引好绣线的针，通过穿刺、交叠、缠绕等工艺手法，构成丰富多样的图案以及绚丽多变色彩的艺术。一般来说，传统刺绣是需要先将预先设想好的图案、色彩绘制于面料之上，再经由不同的走线缝迹方法制作而成。中国古代又将刺绣称为"针黹"，由于此类工艺技法讲求精细、耐心，费时好工，故而多为妇女进行绣品的制作。刺绣作为一种精美的服饰装饰手法，传承至今。刺绣工艺经历了漫长的发展，由最早先将图形图案或者文字内容绘制于人的皮肤表面，并经由染料进行穿刺的文身技法，发展成将内容绘制于服装面料之上，再用针线在服装面料上进行穿刺的刺绣工艺。由此可见，刺绣工艺的产生是基于图形设计的基础之上，产生的一种立体化艺术的表达。刺绣增型处理的产生最重要的原因是，人们对于美的事物的向往。刺绣增型处理在服装上的装饰性艺术表达，是人们在精神层面上对审美意识的提升。服装上的刺绣增型处理在经历了悠久的民族文化历史的传承之后，承载了浓厚的象征气息与文化意味。早先因社会生活的物质水平的限制，这种精细耗时的手工艺，对画工的神韵传递、做工的精细程度、材料的质量挑选等都有着较高的要求。长此以往，宫廷刺绣便作为贵族的专属装饰，被人们赋予了突显地位、表露高贵身份的精神文化象征。这种象征着华贵的宫廷刺绣，对于平民百姓是没有机会，或者说不能够轻易拥有的。之后发展出为普通百姓所用的、风格简单淳朴的民间刺绣风格。刺绣工艺以及绣品的优劣，也逐渐代表着当时社会的经济文化水平高低。刺绣增型处理发展至今，在对不同图案内容的设计、不同绣线材料的选择、不同绣底材料的选用、不同针法绣技的变化上不断发展、丰富。本小节从刺绣中的不同工艺类型出发，主要讨论刺绣增型处理中的平针绣、盘带绣、珠绣以及亮片绣这几种惯常的处理方式。

（一）平针绣增型处理

平针绣是作为刺绣工艺技法中最为基础的一种针法，平针绣的手缝技法又叫拱针绣或者绗针绣，英文称为 Running Stitch，翻译过来是平伏针迹。通过字面含义我们便可以想象出平针绣的大致形态。平针绣是将绣线穿入面料后，通过上下穿刺，并于每针脚间相隔一定距离的刺绣方法。平针绣的上下针脚距离间隔可以相等也可以不等，如为追求平整美观的线迹效果一般会将距离调整一致。而平针绣作为一种刺绣工艺的基础针法，在礼服设计中呈现丰富多样的表现形式。在平针绣的基础上，演变出众多不同肌理的刺绣效果，比如波浪纹绣、缠绕纹绣、交错纹绣等等。不同绣线粗细、光泽度、颜色等的选用带来多种多样的艺术效果。

（1）单纯式绣线的表达

在杜嘉班纳（Dolce&Gabbana）2016 年的秀场中，有几款服装使用了平针绣的刺绣增型处理。我们可以看到这几款服装选用与底面布料颜色对比较强、质感差别较小的粗型绣线进行了线型表达。利用平针绣的基础针法，在服装的结构线处，例如领口线、腰围线、中轴线等位置进行装饰强调。这种增型处理方法，增添了整体服装的趣味性，与这一季的回归无忧无虑的童趣主题相契合，童真质朴的随意效果十分耐人寻味。

华伦天奴（Valentino）在 2016 年的秀场中，使用了不同效果的平针绣线型表达手法，将不同粗细的绣线组合运用，有些运用较粗的绣线平针绣基础上绕圈缠绕，产生波浪型线迹纹理；有些则将较粗的绣线利用平针绣技法，紧密排列绣成长条状线型纹理；有些则利用平针绣的基本线迹，加强绣品图案的轮廓与结构效果。这些手法的运用，在底部材料与绣线颜色选用上，都使用了黑白对比色，以强调肌理效果。整体效果十分良好，有种粗犷的紧密结实之质感。

（2）组合式绣线的表达

平针绣的组合式绣线指的是在不同质地、不同色彩、不同刺绣方向上的变化组合。利用绣线轨迹的紧密排列，将各种类型的图形图案在平面的材料上表现。其紧密排列的绣法变化多样，有的是通过线型的盘卷轨迹形成单一用色的图案；有的是利用多种色彩通过对不同方向的面积覆盖，产生复杂的花样。无论哪种手法，都可以对不同类型的图案进行制作，由匠人用其精湛的绣工，把设计者想要的图案在平面的衣料上生动绣绘出来。

在古琦（Gucci）2016 年的秀场中，有几款小礼服中出现了此种类型的增型处理方法。采用单一色彩的绣线，使用平针绣的技法，将线迹弯曲盘卷出各种形态。这种方式所绣出的每个图形，都是顺接着一条单路轨迹来排列，不会给人很厚重的感觉，十分清新秀丽。不同形状的图案可以选择同色或不同，分别进行刺绣，最终组合成一个整体的图案来。古琦（Gucci）在这场秀中用这类方法绣绘植物的图案，从肌理效果上来看，使其具有清晰的肌理纹路；从整体上来看，盘曲蜿蜒的绣线，给人一种伸展的动态美感。

同场秀中，还出现了另一类传统的平针绣组合方法。将针线的绣迹跨越图案的某块区域，横向紧密排列，产生出一个由绣线平铺出的色彩面，再由纵向的平绣针法沿着轮廓与结构线处进行强调绣缝。这种方法绣出的图案具有一定的厚度，产生强烈的色彩效果。此种刺绣的增型处理，不管是在对植物图案的静态表达，还是动物图案的动态表达上，都可以做到栩栩如生，并产生变化丰富的艺术效果。

（二）盘带绣增型处理

盘带绣是一种将各种类型的带链状材料，通过机器或者是手工刺绣，用缠绕、平缝等方式镶缝在底部材料之上。所以这种类型的刺绣又称为丝带绣。目前盘带绣的应用非常广泛，而在礼服设计中多作为装饰性处理进行添加。这种类型的刺绣处理方式，源自欧洲的宫廷，当时的法国贵妇们，将丝带附着于各类纺织材料之上，绣成随意的花朵造型。由于这种刺绣处理方法创造出的花样造型十分立体，将丝绸的高贵气质显露无遗，又产生出华丽的色彩变化，令当时的贵妇们爱不释手，瞬间成为当时一大时尚。盘带绣发展至今，被许多设计师用在各类风格的作品中装饰，并且依旧受到多数人的青睐与喜爱。

（1）盘带绣的线型表达

盘带绣的线型表达，指的是将绳带材料利用一针一线盘固在服装当中，创造一种线条感强的线性表达。杜嘉班纳（Dolce&Gabbana）在 2016 年的秀场中，展示了几款使用了盘带绣增型处理的设计作品，其中使用到的团纹样，大都是进行简单绕圈的线型表达。有些选用的是亚光黑色的粗圆形绳带，在白色亚光厚底服装上进行纹样装饰。另一些则选用了金色带有光泽感的粗圆形绳带，在深色底部上手工缝绣装饰。其所选用的图案造型，是具有浓厚复古宫廷气息的盘花纹样，经由盘带绣的增型处理带来对比强烈的立体效果。同时结合其他类型的增型处理，比如蕾丝、珠扣等的综合装饰，使整体风格凸显出些许华贵韵味。

同样在华伦天奴（Valentino）2016 年巴黎时装周的秀场中，也有此类绳带的盘带绣增型处理方式，华伦天奴在材料以及纹样的选用上，与杜嘉班纳有着全然不同的风格。同样是将绳带类材料，利用盘带绣的处理方式添加装饰，华伦天奴在此场秀中，选择了具有古希腊古罗马时期风格的纹样肌理，配合古典的配色，呈现出其一贯的神秘色彩。

（2）盘带绣的组合表达

盘带绣的组合表达，是在盘带绣装饰的基础之上衍生出的一种更丰富的增型处理方法。通过对不同盘带绣单样的排列组合，产生了更加立体、丰富的造型效果。对整体造型来说，这种增型处理方式会带来强烈的视觉效果。盘带绣组合同服装款式相结合，能够产生出多种类型的艺术风格。杜嘉班纳在其2016年的秀场中，使用了多种盘带绣组合的增型处理方式。比如将不同大小、颜色各异的盘带绣花样，进行一定块面的组合处理，产生出或突出立体效果的夸张风格，或注重局部图案创意的强对比效果。从整体来看，好似设计师将蓬勃盛开的繁花点缀在了身上，美不胜收。

（三）珠绣增型处理

所谓珠绣，就是在传统绣缝的基础之上，利用传统绣线、普通平缝线抑或是尼龙丝线等，将珠粒、珠管等各种类型的穿缝缀饰物，镶缝在衣料表面的一种增型处理手法。珠绣增型处理与刺绣增型处理相似，是利用绣缝的手工技法，将设计师预先设定好的创意构思进行艺术性的表达。不同之处在于，珠绣增型处理是对各种缀饰材料的综合利用，如何选用适当的材料以及组合方式进行合理的设计表达，是进行珠绣增型处理需要考虑的重要内容。珠绣装饰的创意处理，不仅仅是对整体设计造型或图案的丰富，更是对设计局部细节的完整表达。礼服设计中，对珠绣的变化处理是众多设计师强调的方面，也是各设计师审美格调的体现。珠绣的材料多种多样，如直径在4毫米以内的玻璃米珠，既可以用来填充一定范围内的面积，也可以用来加强装饰服装结构或者图案细节的轮廓处理。穿缝缀饰随着科学的发展、材料的创新，到目前为止已生产出了千变万化的造型，以及绚丽多彩的颜色选择。利用珠绣进行增型处理，可以令平面图案产生饱满肌理效果以及不同光泽感，亦可以创造出较多层次的精美立体造型。这种必须要手工操作的增型处理方法，为其自身以及服装整体都带来更高的价值。

（1）线型珠绣的图案表达

所谓线型珠绣的图案表达，就在于将不同形状、不同材质、不同厚薄的单粒穿缝缀饰，通过缝绣的方式以点连线，进行线型的镶缝轨迹处理，使其在服装上形成各种类型的立体图形图案装饰。线型珠绣可以是单独的曲线或者直线段，也可以是由这两种类型的线型轨迹，组合排列形成的各种图案。华伦天奴（Valentino）在2016年的巴黎时装周秀场上，展示了一款服装，其中不乏利用线形珠绣的图案表达。将哑光的蓝色、黄色、红色米珠，以及带有强烈光泽质感的金属色米珠等材料，绣缝成曲线或直线，在肤色透明网纱中，组合形成波纹线段、几何图形等的图案。使得服装产生趣味纹理，装饰效果极强。

（2）点型珠绣的肌理表达

在珠绣增型处理的表现手法上，有着丰富多样的组合方式，除了上述的线型图案表达方式外，还有满足一定区域范围的，具有一定规律的肌理组合的典型珠绣表现手法。利用不同大小、形状的珠粒进行点状组合排列，形成具有一定面积范围的密集肌理。华伦天奴（Valentino）在2016年巴黎时装周中使用的白色米珠，在整个衣服上密集点缀，通过疏密的不同表达，形成饱满立体的特殊肌理效果。

（四）亮片绣增型处理

亮片绣增型处理是将亮片这一装饰性材料，利用缝线固定在服装面料之上的一种装饰方法，目前的亮片绣多是用机器辅助操作。亮片绣的操作原理是将各类造型、颜色、厚薄的亮片，在亮片绣花机上进行材料的安装放置之后由机器进行绣制。一般来说，亮片的材质一般选用PET树脂或是PVC塑料，具有一定硬度、光泽感、平整光滑的片状物。对于亮片绣增型处理在礼服中的装饰方法大概有两种：一种是将亮片完全固定在需要的位置上的平面装饰方法，这种方法可以使得设计作品在添加亮片的位置上，产生出具有一定肌理、不同光泽度的装饰效果；另一种是将亮片的一端固定在面料的对应位置上，使得亮片具有一定活动量的动态效果。固定的亮片增型处理会随着身体带动衣服的转动，对周围的光源进行反射。而活动的亮片增型处理则会随着人体的活动或者外力的作用，产生灵动的摇摆，以及闪烁耀眼的光泽效果。

（1）单路亮片的线型表达

单路亮片的线型表达是通过将亮片线性排列后，缝缀在服装之上的一种亮片绣增型处理方式。这种类型的亮片绣采用逐点连接成线，再通过设计的轨迹走向缝缀，最终形成一定的图案或者肌理。华伦天奴（Valentino）2016年秀场中的几款服装中，皆采用的是这类单路亮片的线型表达方式。其中有将单路亮片利用线型表达，在局部、整体添加不同的纹理效果。利用不同大小、颜色的亮片，形成风格各异的装饰效果。第一款服装，是在服装的前身、衣袖等位置，用单路亮片进行的单纯曲线段的增型处理。第二款服装，则是在衣服的前身装饰线型单路亮片装饰后，再进行压褶处理，同时产生出符合预先构思的图案，以及复杂变化的立体效果。第三款与最后一款相类似，分别是在腰部和胸前，进行单路亮片的线型表达。这两款底部面料选用的都是透明的网纱材料，更加突出了表面装饰的纹理效果，再因为选用了接近肤色的颜色，仿佛直接将装饰的花纹穿在身上。各种处理方式所产生的效果与风格各有各的特色，变化丰富。

（2）平铺亮片的面型表达

平铺亮片的面型表达是将亮片进行线型处理排列之后，以线铺面紧密排列后产生的具有一定面积的图案、肌理。平铺亮片可以是对局部花样造型的颜色改变，也可以是对整体衣料进行的肌理丰富。在古琦（Gucci）2016年的秀场中，充满了利用亮片绣进行平铺的增型处理手法。该系列本次主题极富意大利风情，使用亮片不同颜色的选用，在局部以及整体服装中，创造出具有手绘风格的图案。将绘画技巧中对于动态效果的平面表现手法应用在平铺亮片绣品之上，利用颜色的差别产生出现错觉的趣味效果。

三、拼接增型处理

在褶皱增型处理、刺绣增型处理之外，第三类增型处理方式，便是拼接增型处理。拼接增型处理指的是，在服装中将各种各样不同性质的材料，通过粘贴、缝绣、扣合等工艺固定在服装的不同位置上，从而表达出不同设计艺术风格的方法。拼接增型处理在礼服设计中，作为一种立体化的装饰性表达，是对各种综合类材料的巧妙搭配运用。拼接增型处理不同于上文中所讨论的，褶皱增型处理以及刺绣增型处理这两类技术处理方法。褶皱增型处理与刺绣增型处理都是作为某一类工艺技法的运用与表达，重点在于技法的巧妙运用。而拼接增型处理则是着重强调综合材料的变化性运用与表达，重点在于不同材料间组合搭配的随意创新以及更加具有立体化肌理效果的艺术表现力。拼接增型处理手法及表现形式多样，可以说是一种多样性综合创新的艺术处理方法。拼接增型处理重点在于"拼"和"接"两个方面。所谓"拼"是将不同材质、不同颜色、不同形状等的材料进行选择搭配，重点强调的是各材料间装饰效果、艺术表现力等。而所谓"接"则是将选择好的各类搭配，通过各类不同的工艺方法固定或者说合并在设计作品之上，注重考虑的是针对不同材料选择更恰当、更和谐的工艺方式，使得最终的作品产生出设计师预期的风格效果。拼接增型处理所带来的形式语言更加立体、丰富，视觉感受可以是对比强烈的，可以是温婉平和的，也可以是活泼跳跃的。由于拼接增型处理着重强调对综合材料的多样化运用搭配，故而本章从各种材料的不同类别选择上，对拼接增型处理方法进行了大致分类。主要分为纺织面料、动物毛羽、非服用材料这三组，从这三组分类中，分别对拼接增型处理在礼服设计中的运用方法及艺术效果进行分析讨论。

（一）纺织面料拼接增型处理

纺织面料在拼接增型处理的材料选择中，属于最常见的一种。纺织面料包括有天然纤维纺织面料、化学纤维纺织面料。天然纤维纺织面料指的是，在自然界中由植物的根茎、叶、果实等或者动物的毛发当中，直接获取的一类纤维（例如，棉纤维、麻类纤维、蚕丝纤维、羊毛纤维等等）并通过纺织技术形成的面料。纺织面料拼接增型处理在礼服中的方法主要有两种表现形式：一种是线型的拼接增型处理表达；另一种是面型的拼接增型处理表达。

（1）线型纺织面料拼接

所谓线型纺织面料的拼接增型处理，有两种形式：一种是选择经由各类纺织纤维纺编成线绳状的材料进行拼接增型处理，如各类绳带；另一种是将纺织面料通过裁切缝制成条状造型，再进行拼接增型处理。线型拼接处理的工艺方法，也有缝线固定与编织等不同工艺。这两种形式给人带来的视觉感受和艺术风格各有千秋。对于线绳状的材料拼接，如编织流苏等，带来的是规律的流动细密的肌理装饰效果；对于条状纺织面料的材料拼接，如波浪边、裁切式流苏等，带来的是具有一定空间层次的立体装饰效果。根据其长短、薄厚的变化以及同其他材料的结合处理，可以创造出丰富的变化。

艾丽·萨博（Elie Sabb）在其2016年秀场中，便使用了线绳型纺织面料的拼接增型处理。将具有光泽感的金银丝线绳上，串联一些不同大小不同光泽度的珠粒，编缝出流苏样式装饰在服装上。利用逐条线绳长短的变化，紧密地排列产生出不同的轮廓造型，带来绚丽华贵的视觉效果。同样是使用线绳型拼接增型处理方法，在华伦天奴（Valentino）的2016年秀场中，选择粗犷风格的黑色编绳材料，搭配管状珠串编成流苏状进行拼接，整体带来别具个性的艺术效果。

而华伦天奴（Valentino）巴黎2016年秋冬高级成衣秀场中，出现了使用条状纺织面料的材料拼接。其中一款是，将与服装相同材质的肤色丝质面料裁切成波浪条状，与服装接缝在一起，由于材料本身的轻薄柔软与垂坠的质感以及褶皱处理，使得拼接后的整体产生波纹肌理效果。服装造型随着模特的移动，产生一种飘逸的灵动感，给人带来舒适且清新的视觉效果。同秀场中的另一款黑色纱质长袖连衣裙，也是用与服装相同的面料进行条状纺织面料拼接。不同之处在于，此款纱质面料相比上一款稍强，定型效果明显，不容易产生移动变化，并且条状拼接面料上添加了亮片刺绣装饰，更加丰富视觉艺术效果。华伦天奴（Valentino）巴黎2016年春夏高级成衣秀场中有一款黑色长款连衣裙，同样也使用了线型条状拼接增型处理的设计。但是这款连衣裙上的拼接增型处理，是将裁切后的条状面料进行闭合缝制，产生一定的厚度扁条状与服装进行拼接，服装整体造型感强、线条分明，具有特殊立体空间肌理效果。

（2）面型纺织面料拼接

所谓面型纺织面料拼接，即是将具有一定形状、大小的纺织面料，平铺在服装表面进行贴合拼接增型处理。这类面型纺织面料拼接的特点是，对不同质感面料拼接、不同色彩间的对比组合，产生具有立体浮雕质感的丰富图案纹样、造型效果。对于面型纺织面料的拼接有多种处理工艺,有些是通过线迹进行缝合固定,有些是通过热压粘贴等进行固定。使用线迹缝合的面型拼接增型处理方法中,有些是将缝合线迹显露在表面,与图案形成整体;有些是将线迹隐藏在图案背面,形成光滑的图案边缘。

华伦天奴(Valentino)在 2016 年春夏高级定制秀场中的几款设计,便使用了面型纺织面料拼接增型处理方法。选择与服装本身面料具有一定差异性的面料,裁切成需要的形状大小之后,进行缝线固定。其中,采用了与底部肤色轻薄哑光纱质面料相对比的厚实丝光立绒面料,通过不同颜色、形状的组合,搭配出独具民族色彩的复古风格的图案装饰。这两款服装上的面型纺织面料做了拼接增型处理,并采用了与其浓厚民族色彩的复古风格相匹配的缝线方式,将线迹沿着图案的轮廓进行手工锁边固定方法,从局部的细节处与服装整体的设计风格统一起来。另一款白色深 V 吊带连衣长裙,同样也是使用的面型纺织面料增型处理,也同样是选择了与底部白色轻薄的纱质面料相对比的厚实丝光立绒面料进行拼接。不同之处在于,拼接采用的工艺上,选择的是将线迹隐藏在图案背面,使局部细节与整体服装干净清爽、优雅的风格达到和谐一致。

(二)动物毛羽拼接处理

毛羽在服装中的作用有多种,既可以作为填充物,又具有保暖防寒的使用价值,也可以作为表面装饰物,辅助艺术表达。然而在礼服设计中,毛羽多是作为增型处理常用的一种装饰材料。毛羽的装饰性运用已有悠久的发展历史,至今仍在延续并丰富着。毛羽作为自然界中原生的一种材料,其品种丰富,如鸵鸟毛、孔雀毛、火鸡毛等等。由于装饰性毛羽本身,包含着多变的造型、丰富的色彩以及细腻的光泽感和柔美的肌理效果,而高于普通纺织面料的价值,深受礼服设计师们的喜爱。毛羽的华美而丰富的视觉表达,强调的是由内而外的一种原生态的自然美感。在礼服设计中对毛羽的拼接增型处理多为两种运用方法,一种是作为图案的构成装饰元素,另一种是作为整体肌理的细节构成装饰。

(1)图案装饰毛羽拼接

所谓图案,即是对具有装饰性美化,或者象征性意味表达的图形或者纹样的设计方案。图案的表现形式有很多,有具象类图案,如花鸟鱼虫、人物风景等;还有抽象类图案。图案装饰的毛羽拼接增形处理,就是将毛羽作为组成图案的素材,进行拼接增型处理。利用毛羽材料对礼服设计中图案的创作、加工以及整理变化,使其具有更加精细饱满的艺术表现力。通过对毛羽的形状、色泽、层次等的控制,可以展示更加丰富立体的图案效果。

例如,艾丽·萨博(Elie Sabb)在其 2016 年的高级定制秀场中,使用了大量的毛羽的图案装饰进行拼接增型处理。将不同大小的粉色、蓝色、白色等颜色的毛羽，按照花瓣的排列规律，塑造成花朵的造型拼接到服装的前胸、腰腹甚至全身等部位进行点缀。毛羽花朵图案的拼接增型处理，使得整体服装从局部到整体都具有一种饱满的层次感，以及柔美灵动的视觉享受。

（2）肌理装饰毛羽拼接

所谓肌理指的是物体表层中出现的各种或平滑或粗糙，或凹陷或凸起的纹理规律结构。不同材质的物体，其所具有的肌理效果是不尽相同的。作为礼服设计中的装饰性毛羽拼接增型处理，就是利用毛羽本身的肌理效果与服装面料的肌理效果的差异性，通过或规则或不规则的排列拼接，产生出充满新奇的肌理效果。

例如，艾丽·萨博（Elie Sabb）在 2016 年的高级定制秀场中的一款礼服套装，上衣部分使用花白色小圆片毛羽进行规律排列，形成条状毛羽流苏后拼接于服装面料之上，并与其他珠钻等装饰性材料组合运用，产生具有特殊肌理效果的视觉表现力。华伦天奴（Valentino）在其 2016 年的秀场上也使用了肌理装饰的毛羽拼接处理，将一款高领长袖的黑色透明纱质连衣裙上，将大片的细长条状毛羽进行平顺处理，并通过线缝的拼接增型处理方法点缀在服装的肩部、胸部、腰部以及臀部周围。使用交叠和并列的排列方式，利用毛羽本身的天然肌理，形成抽象性的立体肌理效果。艾丽·萨博（Elie Sabb）在 2016 年的高级定制秀场中还有一款黑色深 V 鱼尾裙，在裙部下半身膝盖以下位置的面料上，添加密集的黑色的鸵鸟毛羽，鸵鸟毛松软、飘逸的视觉效果，带来局部膨大的造型特征，使得服装局部造型产生具有空气感的立体肌理效果。

（三）非服用材料拼接处理

所谓非服用材料，指的是一些并未加入大面积应用于服装生产的日常材料，如玻璃、金属、塑料、陶瓷等等。而这些非服用材料的特点，往往是与传统服用材料的柔软、舒适的使用感受完全相反的。一般来说，非服用材料给人的视觉或心理感受都符合易折断、易破碎、硬度高以及边缘锋利等特征。随着科学技术的发展以及设计的创新，许多新兴材料被应用于服装设计当中，而对于非服用材料的创新应用已成为一种潮流趋势。例如擅长将设计作品与 3D 打印相结合的设计师艾里斯范荷本（Iris van Herpen，简称 IVH），将非服用材料的艺术表现力运用到服装设计的装饰性表达当中，是对视觉效果以及结构特征的一种创新。在此我们拿华伦天奴的一类金属材料拼接的运用来举例。

华伦天奴（Valentino）在 2016 年巴黎时装周上展示的作品中，将金属片装饰在服装整体造型中，通过不同疏密的排列，利用扣合的方式进行拼接，整体风格凸显现代感、机械化的艺术效果。

四、增型处理的运用实践

通过上文中对不同材料、不同类型的褶皱增型处理、刺绣增型处理、拼接增型处理的研究学习，了解到了增型处理在礼服设计中丰富的表现形式以及技术手段。增型处理作为礼服设计中具有浓厚装饰意味的综合性材料运用艺术，注重形式语言的表达。

实践一：百叶波纹小礼服

受到海洋植物在水中随着水流摇摆轻曳形态，以及规则排列建筑构造的启发，设计的一款小礼服裙。运用拼接增型处理的方法，将纺织面料多层排列、层叠，通过此种方法展现出百叶状随意摇曳的裙摆视觉效果，使局部造型达到层次丰富、具有动感的肌理效果。

（1）裙摆肌理的制作

为了更好地表现灵动飘逸的动态视觉感受，先选择了较柔软的半透明白纱面，以及另一款带有珠光效果以及硬度透明的网纱进行对比操作。结果显示，由于网纱具有的硬挺效果较强，可以形成明显的廓形效果，但并不能够产生出动态的摇曳效果。而柔软白纱由于自身的垂坠感，产生出随风飘动的动态肌理，但也正因为自身较重、垂坠感较强，则并不能对裙摆产生良好的造型支撑。最后可以选择使用柔软白纱制作表面肌理作为表达丰富肌理效果的增型处理材料，而利用稍硬质的网纱做裙底支撑材料。

裙摆总共分五个步骤，将肌理效果制作完成。第一步，将选好的面料按照裙摆的长度，裁切成5~8厘米宽度不等的长条，并进行熨烫处理；第二步，使用木耳边包边机用弹力线进行包边，在长条四周的方向皆进行包边处理；第三步，将数条包好的带状面料沿着裙片的经纱方向规则排列，并用珠针简单固定；第四步，使用平缝机将群片上的长条与裙片进行缝合拼接；第五步，整烫处理。

（2）上半部装饰制作

在裙身的上半身，通过对金色硬型弹力绷带式面料进行条状拼接，按照上半身曲线调整长短松量，制作出抹胸款紧身上衣。并在腰部位置运用刺绣增型处理，将花朵形状的粉色亮片、黑色水滴状亚克力材料、透明黑纱以及棉花团，通过刺绣、抽褶、填充等增型处理手法进行装饰物组合点缀。填充花型装饰主要制作过程为：首先，将带有光泽感的透明黑色网纱裁切成长方形小片。其次，使用4~6片长方形小片交叉叠放，形成类圆形轮廓。再次，用针线在中心部位平绣出线迹，并抽缩，产生半球状凸起；将棉花团取小量填充进凸起部分中，产生饱满球形。最后，抽紧线绳并打结固定，黑色花型装饰便制作完成。然后利用这些装饰材料，进行组合点缀，镶缝在衣身腰部位置。

（3）成衣效果的展示

金色的抹胸上半部衣身与波纹叶片肌理的下半部裙片相结合，整体凸显出梦幻的童话风格，好似灵动的小精灵。

（二）实践二：复古造型礼服裙

一款具有维多利亚时期复古风格的灰色缎面礼服裙，维多利亚时期的服装风格特点明显，以上束紧身胸衣，下着膨大裙撑。服装整体多处装饰有蕾丝、褶皱花边，上半身的造型多为从腰部向胸部展开的倒三角形。设计时将上述风格特征均考虑在内，运用褶皱、拼接、刺绣等增型处理方法增添了整体造型艺术效果。

（1）袖部层叠的制作

在袖部位置，设计的是具有层叠效果的喇叭状蓬袖，由肩部到袖部分成两个部位的拼接，中间位置装饰有纱质波浪花边，凸显立体效果，总共分为四个步骤进行制作：第一步，将灰色塔夫绸、硬质六角纱，按照袖笼处的衣片结构裁剪完成；第二步，将硬质六角纱作为里衬，对袖部进行造型支撑；第三步，使用灰色欧根纱裁剪出扇形轮廓，作为波浪花边，装饰在袖中夹层位置；第四步，将各部分衣片拼接缝合，完成袖部制作。

（2）上半身装饰制作

上半身领部采用波纹褶皱造型做立体花边装饰，总共有三个步骤：第一步，先将欧根纱裁切成10厘米宽的条状，并在长边的位置进行双边锁边；第二步，将裁切好且锁好边的条状纱，由中间位置进行缩褶制作，形成立体式波浪褶皱；第三步，将处理好的褶皱花边镶缝在上衣领部位置。

上半身胸部中间位置采用纱质包条进行交叉装饰，总共有四个步骤：第一步，将具有一定硬度的六角纱沿斜纱方向，裁切成约4厘米的条状（包括缝合的松量）；第二步，将纱条对折后，在边缘处0.5厘米宽度位置，进行车缝；第三步，将车缝好的纱条由里向外翻出；第四步，将处理成绳条状的纱条按照既定的造型，摆放好位置，并用缝线固定在衣身处。

（3）下部裙身装饰拼接

本设计在裙摆、裙身处有大量的蕾丝刺绣以及褶皱拼接装饰，主要选用两种不同花纹、形状大小的蕾丝绣片。首先需要对蕾丝绣片做装饰前的准备处理，对两种不同图案的蕾丝面料，做去除底纱处理，仅留下连续绣片的造型，以用作裙摆处的花边装饰；同时对第二种连续性的蕾丝面料，将其中的主题图案剪切下来，作为裙摆以及裙身处的点缀。

（4）服装效果展示

整体服装复古的维多利亚式风格，通过运用褶皱、蕾丝花边等运用拼接、刺绣增型处理手法，完美地将设计的风格饱满地表达出来，展现出与设计相协调的艺术效果。

（三）实践三：中国风礼服裙

作品中使用刺绣增型处理手法，以传统的中国国画元素为创作灵感，通过数码印花技术将图画转印在面料之上，再利用珠片镶绣的方式进行装饰性表达。结合真丝和纱的层叠渐变来表现晕染，体现出了飘逸灵动之美感，强调人与自然相互依存的共生关系。

（1）装饰材料的选择

本主题重在强调人与自然相互依存之共生关系，选用真丝面料作为服装用料，结合手工刺绣增型处理，能够表达出精致、高贵清雅的艺术风格。在装饰材料上，则选用与画面色彩相呼应的青绿色管珠，以及黄铜色的珠粒，附加其他造型的片状材料，作为主要材料搭配，根据整体图案的颜色、大小以及预期纹理效果，设计出符合预期装饰艺术效果的材料组合形式。

（2）肌理质感的加强

远观之势，近观之质。强调的是由整体到局部，由形式到内涵的精细化艺术表达。远观之势在于对整体造型的气势、韵味之体现，而近观之质则在于对局部细节质感的表达。放眼整体作品中选用中国山水画作为主体元素，选择图案的局部画面，在礼服整体造型中进行轻重摆放，并通过与人、与整体服装造型的呼应表达，形成一种自然舒展的和谐韵味。这是对远观之势的表达处理。细看局部，首先，在画面中亭台阁楼的瓦片、窗格、门框、台阶等，选用带有温和光泽效果的木褐色以及黄铜色管珠，按照不同的方向排列出符合对应结构的纹理。其次，在画面中树木、花草以及岩石轮廓等，选择具有同样温和光泽效果的珠粒，由点聚面的组合点缀形成相应明暗对比关系。再次，在画面中的枝叶、果实，选用不同造型、不同质感、不同光泽的材料（例如大颗玻璃粒珠、小颗米珠以及叶片状半透明亮片），紧密的层叠出立体装饰效果。这是对近观之质的肌理表达。最后，在服装的腰部及袖中部，选用青绿色和白色亚光细长管珠与同色小粒米珠相结合。串联成线段状流苏，依次由短及长的排列，产生符合整体渲染意味的立体渐变艺术效果。在整个作品中，对图案的肌理进行质感的加强，既烘托了主题氛围，又丰富了细节处理，使得造型更具质感与韵味。

第三节　面料再造创新在休闲男装设计中的应用

一、现代休闲男装的概述

休闲装最初指的是人们在工作时间以外的闲暇环境中所穿的服装，随着时代的交替更迭，休闲装的范围逐渐扩大，指人们在自由、不受约束的休闲生活中所穿着的服装，也称为便服。休闲装的主要特征是造型宽松、面料舒适，表达人们对自由、轻松状态的向往。经济全球化的发展引发的快节奏的生活方式，人们长期生活在压抑的气氛当中，而拘谨乏味的职业装强化了人们的低气压氛围，于是，轻松愉悦的休闲装渐渐渗透到人们生活当中，并取代了职业装的地位。休闲装不仅能够缓解人们紧张的工作气氛，而且除了特殊岗位之外，一般情况下，休闲装上下班皆宜，能使穿着者更加自信、随和。

（一）现代休闲男装的定义及分类

狭义上的"休闲男装"指男士在工作之外，从事各项休闲活动时所穿着的服装。广义上来说，一切具有休闲感觉的、造型轻松随意的、搭配方式多样的男士服装都可以称作"休闲男装"。

从年龄层次、穿着场合、风格定位等角度对休闲男装进行划分，可分为日常休闲男装、商务休闲男装、运动休闲男装、度假休闲男装几种类型。

（1）日常休闲装

日常休闲装有着轻快活泼的明朗色调，与其他类型的休闲装相比较，包容性更强，受流行因素的影响更大，尤其现代的年轻人，他们追求标新立异、与众不同，当下的流行色彩、高科技面料以及个性图案纹样等都成为他们考量的重点，这也体现出年青一代的蓬勃朝气和个人情趣。

（2）商务休闲装

商务休闲装是介于正装与休闲装之间的男士服装，主要为具有一定收入和品位的企业管理层或私营业主等成功人士而设计的，他们希望通过穿着具有商务性质的休闲装来塑造具有亲和力的形象。商务休闲装既具备商务装的商务功能，又满足休闲装的轻松随意，最大的特色便是不管在商务活动中穿着，还是在休闲场合穿着，都是大方得体的。商务休闲男装体现的不仅仅是穿着者的服装风格，更体现了穿着者的生活态度，越来越受到广大男士的喜爱。

（3）运动休闲装

在现代人的休闲生活方式中，运动不仅成为一种时尚，更成为人们释放压力、宣泄情绪、陶冶情操的生活方式，运动休闲装就是为了适应这种生活方式而出现的，它具有一定的功能性，使穿着者在休闲运动中既能够以舒适的姿态进行舒展，又能够保持完美的形象。既适宜运动又美观大方的运动休闲装正在朝不同领域渗透，发展潜力不可估量。

（4）度假休闲装

度假休闲是一种由来已久的生活方式，在我国古代，王公贵族总会给自己修建用来度假的庄园，承德避暑山庄就是我国清朝专门用来给皇帝度假的宫苑。而现代越来越多的人选择度假的方式来放空自己，缓解生活、工作带来的压力和烦恼。度假休闲在生活中所占比重的不断加大，人们开始对度假的服饰有了单独的要求，穿着舒适、耐洗、耐磨、耐脏、方便、简洁等都成为度假休闲装考虑的因素。

（二）休闲男装的发展

（1）现状与趋势

"休闲装"是一种口语化的称呼，起源于第二次世界大战时期的美国，最早为工人和劳动者的工作服，以衬衣和牛仔为主。由于其特有的舒适稳定性，穿着人群及时间、场合不断蔓延，成为人们休闲、娱乐时间的穿着选择。休闲装代表的是崇尚自然，反对奢靡的生活理念，既强调个性，又面向普通大众。20世纪六七十年代的美国，经济开始复苏，人们的着装观念开始由朴素向造型多变转变，休闲装成为流行的主题。此时，一些休闲品牌如 Levi's 和 Cap 等以邀请大牌娱乐明星为其代言的方式大力推广休闲生活的观念，将休闲装推向了一个疯狂的状态。到了 70 年代初，休闲装成为世界服装界不可或缺的部分，并在 80 年代迅速发展，直至 90 年代，形成了一股势不可当浪潮影响着时装风向标的指向。而在当今社会，在日本、美国、英国、德国等发达国家，休闲男装的发展已经处在一个成熟的并进一步完善的阶段。胡戈波士（Hugo Boss）、都本（DURBAN）、迪奥（ChristianDior）、范思哲（Versace）、阿玛尼（Giorgio Armani）、巴宝莉（Burberry）等世界一线男装品牌的休闲男装系列成为世界休闲男装的风向标，影响着世界休闲男装的走向。

自 20 世纪 80 年代开始，我国服装市场受世界服饰流行浪潮的强烈影响，休闲产业发展和休闲产品逐渐出现在国人的视线当中。90 年代开始，休闲装成功打入我国市场，改变着国人的服饰审美观念。从近几年人们对服装需求的调查情况来看，休闲服装的上升空间以及发展前景都呈现出欣欣向荣的景象。

21 世纪以来，服装多元化发展趋势成为一种不可扭转的趋势。而休闲男装丰富、繁多的类型恰恰顺应了这样的潮流。休闲男装在现代的发展进程中，既保留了自身特有的设计风格，又在不断地加强创新能力及自主研发能力，其整体发展趋势呈以下两方面：

①注重品牌文化积淀

在当今的商业模式中，品牌效应成为商业社会中企业价值的延续，我国休闲男装行业早已进入以品牌竞争为核心的发展模式，而品牌文化又是品牌效应产生的前提，所以，为了吸引目标人群，休闲男装品牌应该在设计的过程当中充分将其独特的品牌文化理念体现出来。文化积淀是品牌长足发展的生命力，我国休闲男装品牌对其文化理念的重视和维护也渐入佳境，只有这样，才能促使休闲男装进入良性的发展轨道。

②注重高档面料与精致的工艺相结合

现代男士对服装的认识日益精进，他们的着装意识不再是单纯的方便舒适，更多的是展示个性及性格、显示身份及地位，因此，他们对款式的设计、工艺手法的运用以及面料的品质等都提出了更多更高的要求，为了顺应这种需求，休闲男装更多的强调了面料的档次和工艺手法的精湛，以及二者相结合产生的别致的效果。

（2）我国休闲男装在发展中存在缺陷与不足

我国休闲男装的发展相较于西方等地的发达国家，正处于发展起步及全速前进的阶段。由于经验不足等诸多方面的问题，我国休闲男装在发展的过程当中出现了很多的缺点与不足，这些都成为一个亟待解决的关键性问题。

①自主研发力度不够，原创性不高

信息时代的到来，人们获取信息的速度得到急速提高，这使得流行趋势的蔓延速度达到前所未有的程度，随之而来的负面影响便是对其他品牌或设计师的优秀作品进行大面积的抄袭，将此作为提高经济效益的所谓的"捷径"。这种做法也许在短时间内会取得一定的效果，但是，从长远发展的角度来看，这种做法却是因小失大，失去了品牌文化理念及品牌附加值的支撑，只会让品牌陷入同质化的危机当中。

②个性不鲜明，核心价值模糊

休闲服装是一种个性较强的产品，尤其对休闲男装来说，它已经成为男士服饰的主体，更需要强烈地表达它的与众不同。而这种与众不同，需要明确的核心价值进行支撑，核心价值明确了，产品的个性问题也就随之化解了。反观我们的现代休闲男装，能说出其核心价值的品牌却是为数不多，相反，一些国际的休闲服装品牌核心价值清晰明了，例如香奈儿，它的核心价值就是传承经典，我们国家的休闲男装想要做大做强，就必须确立清晰的核心价值，显示鲜明的个性。

（三）现代休闲男装的产品特征

由于休闲男装受到男士社会角色的影响，很多设计都以中庸、含蓄、内敛为出发点，以简约、自然为风格落脚点，虽然休闲男装品牌有千万家，但大多数的品牌大气、经典、儒雅为主要风格，例如我国的休闲男装品牌卡宾（Cabbeen）、马克华菲（Mark Fairwhale）、速写（Croquis）等都在这类型的范畴之中。

（1）面料特征

休闲男装的面料种类不计其数，单从面料成分来看，就有天然纤维、再生纤维、化学纤维、蛋白纤维等类型。而从织造角度来看，又有针织面料、梭织面料等类型。近年来，休闲男装以天然纤维纯纺面料或混纺面料为主，以其质朴大气、自由舒适、亲肤透气的突出优势，传达出休闲男装轻松随意、自然潇洒的气质。

（2）款式特征

休闲男装的设计理念以"简约有型""简约不简单"最受大众的欢迎，接受面最为广泛，而款式繁复的造型在近几年越来越受到大众尤其是年青一代的重视，当然，相对于简约造型来说，接受面还是比较小。现代休闲男装比较注重中庸思想与前卫设计相结合，通过对前卫服装元素恰当地摄取并与其自身板型的优越性相结合，产生符合流行趋势的，具有"设计感"的休闲男装是目前款式所具有的比较重要的特征。

（3）色彩特征

休闲男装的色彩基调是由男性在社会中扮演的角色以及其心理特征的共性等诸多因素共同决定的，相对于女装来说，休闲男装的色彩会更加朴素、明快、整体、统一。通常，黑、白、灰等无彩色系或是低明度色彩以及低纯度色彩在休闲男装中的使用频率较大，也是目前休闲男装在色彩应用方面的最大特点。

现代休闲男装的出现是对国际潮流的追随，更是对人们追求安逸、休闲心理的外在表现。不同年龄、季节、地域环境、宗教信仰等都在不同程度上影响着休闲男装的设计，更影响着面料二次设计在休闲男装设计当中的应用。休闲男装表现出来的总体特征为随意性、舒适性、时尚性以及功能性。而我国现代休闲男装的设计面临的问题主要有"设计特征出现同质化""款式设计单调""板型设计保守"等几个方面，迫切需要通过面料二次设计来挽救如此窘境。

二、面料再造应用于现代休闲男装

在休闲男装设计中，设计师为了充分表现自己的创意，经常对采用面料的二次设计进行创作，塑造出生动的面料形态使服装形态各异。得体的、合时宜的二次创新设计，能给休闲男装带来更舒适的触觉感受、更为时尚的视觉感受。

（一）面料二次设计在现代休闲男装品牌中的实际应用

（1）国内品牌

Xander Zhou。在 2017 伦敦时装周发布的秋冬男装系列以"行走间的焦灼感"为主题，以服装廓形为设计重点，延续了前面两个季度的设计思路，将具有光泽感的面料与皮革、牛仔等进行组合设计，并对其做磨白、褶皱的处理，使整个服装产生一种战争年代的冷酷的感觉。

JTK ZHENG。我国创立于 2014 年的独立设计师品牌 JTK ZHENG 在 2015 秋冬男装系列中以"现代男士的盔甲——西服"作为设计灵感，对古代盔甲的结构和纹理进行分析研究，通过褶皱的二次设计手法将休闲男装精巧独特的个性展现出来。

（2）国外品牌

Dries Van Noten。来自比利时的国际著名时装品牌德赖斯·范诺顿（Dries Van Noten）在 2017 春夏巴黎男装周中推出的男装系列以"解构 Dries Van Noten 方式"为主题，通过对面积大小不同、色彩搭配不同的面料进行拼接的方式以及刻意保留服装线头和流苏的手段对服装的细节进行装饰，让我们仿佛跟着设计师体验了一次大工业时期的风采。

Lanvin。郎雯（Lanvin）在 2017 春夏巴黎男装周中推出的男装系列中娴熟运用扎染技巧、鲜亮的七彩色调打造衬衣，充分展示了多姿多彩的魅力，如同自然色彩被水色晕开，让系列拥有了艺术般的质感。

（二）面料二次设计在不同风格的休闲男装中的运用方法

（1）应用于日常休闲男装

日常休闲男装是一个泛称，其中又包括了很多细小的分支，主要有前卫风格的休闲男装、浪漫风格的休闲男装等几个类型，而其中前卫风格又包括了后现代风格（朋克、嘻哈、嬉皮、贫乏、街头、乞丐）、波普风格等多种风格类型。由于日常休闲男装的范围比较广泛，包容性较强，所受到的色彩、面料、款式等的限制相对较少，故而能够运用于其中的面料二次设计手法也是比其他类型的休闲男装要更广一些。以面料二次设计艺术手法中按加工方法划分为标准的话，日常休闲男装基本可以对其所具有的三种类型的二次设计手法加以运用。

①前卫风格之后现代主义风格

戏谑、诙谐是后现代主义风格服装最重要特点，后现代主义服装设计师使用这种理念讽刺古典、现代主义服装中的宗教伦理枷锁，主张人们关注内心，冲破枷锁。后现代服饰的设计是反设计的语言，它摒弃了人们长期以来所认知的形式美原则（整体统一、秩序、调和、比例等），以繁复多样的元素进行无限制的、自由的组合，它的设计语言可以归纳为模糊、残缺、混杂、复杂、结构等，因此，不论是二次印染、变形设计、破坏性设计，还是添加装饰性附着物、多种面料的组合设计，都可以随心所欲地运用到后现代主义风格的休闲男装当中。通过印花、手绘、拓印、喷绘、镀膜涂层、变形、破坏、拼接、叠加、刺绣、补花、贴花等艺术手法对面料进行二次设计，来表现后现代主义的离经叛道、变化多端、任性不羁、荒谬怪诞又无从捉摸的思想。例如维维安·韦斯特伍德在 2017 春夏男装，将二次印染、镂空、破坏等艺术手法运用到服装中，表现她一贯的"颓废""离经叛道""玩世不恭"。

②前卫风格之波普风格

波普设计源于英国盛于美国，而后在欧美地区得到广泛的发展，它强烈的视觉效果给予服装设计以重要灵感。由于波普风格主要强调的是色彩的对比以及图案的趣味性，所以，服装面料的二次印染技术可以广泛地运用于波普风格的休闲男装设计当中。通过二次印染技术中的印花、手绘、喷绘、拓印、轧磷粉等手段对面料进行二度创作，可以产生强烈的视觉冲击力。如纪梵希（Givenchy）2014 春夏男装将家庭音响设备等被进行分解，然后重新排列成一个完美的对称图案，再通过数码印花的手段呈现出来，明亮的色彩对比以及有趣的图案设计，处处都体现着波普艺术的身影。显然，二次印染技术只是其中的一种方式，如添加装饰性附着物设计中的补花、贴花、刺绣及多元组合设计中的拼接、叠加等艺术手法都可用到波普风格的休闲男装设计中。如杜嘉班纳（Dolce & Gabbana）2017 在米兰时装周中发布的秋冬男装系列运用的就是贴花与刺绣等手法，表现出强烈的波普风格。

③浪漫风格

浪漫主义风格服装是在服装中体现浪漫主义艺术精神的服装，巴洛克和洛可可时期的服饰在服饰历史中最具浪漫主义艺术气息。浪漫主义反对甚至痛斥人类与大自然的疏离，并把这种思想观念反应到服装设计中，以服装为媒介，将这种思想传达给受众。同时，它也强调人们应该从刻板的教条当中抽离出来，常用夸张独特的造型，缤纷绚烂的色彩来表现这种思想。

在浪漫主义风格的休闲男装设计当中，面料的二次印染、结构的变形设计和破坏性设计、添加装饰性附着物设计、多元组合设计等面料的二次设计手法均可用于浪漫主义风格的休闲男装设计当中，这里要提到的是毛边、流苏、刺绣、花边、抽褶、蝴蝶结、花饰等是浪漫主义表现形式中较常用到的手段。例如最爱使用传统手艺、工艺的杜嘉班纳（Dolce & Gabbana），几乎在每一个季度的休闲男装，都或多或少地推出浪漫典雅的具有浪漫主义气息的服装，不同的是运用的二次设计手段侧重点有所不同，但是，基本集中在刺绣、贴布、印染等表现方式上。

（2）应用于商务休闲男装

商务休闲男装对服装款式、面料档次、做工水平都十分讲究，既要求服装款式简洁，易于搭配，又要求整体感觉时髦却不张扬，样式新颖却不怪异，色彩轻松明快却不嚣张。它与日常休闲、度假休闲以及运动休闲有所不同，它需要时尚的、轻松的、随意的舒适感，也需要能出席工作场合的商务感，所以面料二次设计在商务休闲男装的运用上，不宜过于夸张，更多的是要把商务休闲男装的品质体现出来。所以，在对商务休闲男装面料的二次设计中，不宜对其进行大面积的处理，较多的是在其局部进行点缀设计，而这种点缀同样不宜夸张怪异，要与服装形成统一的整体。可以采用二次设计手法有中的面料二次印染技术的印花、喷绘和镀膜涂层等手法，结构再造设计中的加皱、烫压和磨刮、水洗等手法，添加装饰性附着物中的补花、贴花、刺绣等手法以及面料多元组合中的拼接、叠加等手法对其进行创作。如 Viktor & Roif 2015 巴黎秋冬男装系列对于休闲男装面料的改造，就显得含蓄而有力，仅在裤装侧缝与口袋处进行同色系的不同面料的拼接，就达到了商务装的功能性与休闲装的随意性相统一的效果。

（3）应用于度假休闲男装

度假休闲最初只是统治者及王公贵族等位于"金字塔"顶端的人打发枯燥乏味的无聊时光的需要。直到 19 世纪，第二次工业革命的到来使得可供支配的自由财富增多，更为便捷的交通工具也随之出现，这些都使得大众投入到了度假休闲的新型生活方式当中，于是海滨旅游度假、湖滨旅游度假、山地旅游度假和温泉旅游度假等不同类型的旅游度假层出不穷地出现在人们的生活领域。现代服装的功能分类越来越细致，不同用途、不同场合的服装所具有的功能有时候会有所不同。

①海滨、湖滨度假休闲装

由于海湖、湖滨度假受天气因素影响较大，通常情况下，人们会选择气候温暖、阳光充足的时间段出行。所以海滨、湖滨度假休闲男装在面料的选择上通常会选用质地轻薄的、舒适的、易晒干的面料，同时，由于海边、湖边受气候影响紫外线较为强烈，所以，很多品牌在此类型的休闲男装设计中会采用一些具有防紫外线功能的面料进行设计。色彩方面多采用轻松明快的色彩，给人以愉悦的心情。而对此类服装进行的二次创新设计同样不宜复杂烦琐，应尽量避免类似于面料结构二次设计中过多的、过重的堆饰、扎结等装饰手法。比较常见的二次设计手法主要为二次印染，将不同类型的图案通过印染技术转移到服装上，既能达到时尚的艺术效果，又能保持舒适的实用功能。例如 Grundtner & Sohne2015 春夏男装就是利用服装面料的二次印染技术对海滨度假休闲装进行设计的。当然，这并不是说其他类型的二次设计依旧不能在海滨、湖滨度假休闲男装中运用，诸如破坏性设计中的水洗、镂空、磨毛等手法在海滨、湖滨度假休闲男装设计中，也是较常使用到的艺术手法。而像叠加、补花、刺绣、折叠等手法在海滨、湖滨度假休闲庄中的运用就较为少见了。

②山地度假休闲装

山地度假是以山地自然风光、人文旅游资源等作为载体，通过建设山地旅游基础设施和设置休闲度假方式为游客提供度假服务的旅游活动方式。因此，山地度假休闲男装在面料二次设计的应用方面较为考究，主要考虑服装的舒适性、耐洗性、耐磨性、耐脏性等。山地度假休闲男装应以方便为主要目的，同时具备一定的功能性，不需要过多复杂、花哨的装饰物对其进行装饰。因此，对山地度假休闲男装面料的二次设计会以添加性设计为主，例如在对其功能性的完善中，可以关节处对其进行打褶、贴布、叠加等方式的处理，加强关节处的耐磨性以及舒适性。而在其美观性的设计方面，则可以采用二次印染技术、添加少量装饰性附着物以及拼接等处理方式对其进行创新设计，达到美观、舒适、功能一体化的效果。

③温泉度假休闲装

温泉度假休闲以温泉泡浴为主要休闲方式，因此，在服装设计上，主要侧重于对温泉泳衣的设计。男装泳衣主要有以夏装为主，而对男性泳装在色彩方面主要以暗色系为主。由于泳装的特殊性以及男性对泳装的审美习惯，对其进行的面料改造受到的限制较多，主要采用面料二次印染艺术手法和面料的拼接艺术手法两种。例如卡尔文·克莱恩（Calvin Klein）2016夏季男士泳装采用的就是面料的二次印染技术。

（4）应用于运动休闲男装

运动休闲男装往往能够给人积极向上的生活态度，在色彩上通常以鲜艳的色调为主。运动休闲男装的设计主要以材质和用色的多变来体现以及转换服装风格，甚至将高级定制时装的用料进行运用。在运动休闲男装中，可以运用到的面料二次设计手法与日常休闲装男装相比较少。由于运动休闲装的灵活多变与较强的包容性，所能应用到的面料二次设计方法也是多种多样。

①对服装面料二次印染设计的应用

二次印染设计在运动休闲男装设计中的应用比较广泛，它作为一种流传已久的工艺，具有较高的文化价值和较强的个性化装饰特征，二次印染技术与休闲男装的结合往往能催生更多的更有冲击力的优秀作品，能催生出很多优秀的作品。现代化的印染方式（数码印花、丝网印花等），既可以使用单一的印染技术对休闲男装的图案、纹样进行印制，也可以同时使用多种印染技术对面料进行的花型、图案进行设计，不同的印染方式产生的质感不同，它们之间碰撞产生的特殊效果往往能带来意想不到的效果。

②对服装面料结构二次设计的应用

对服装面料结构二次设计的应用主要从变形和破坏两个方面着手，可以通过褶皱、重叠、压拓等手法使面料改变原有结构，如此，运动休闲男装就具有了一定的前卫性。通过剪切、撕扯、磨刮、镂空、烂花、抽纱等加工方法打破普通运动休闲装带来的沉闷、刻板，使服装更具舒展、精致的效果。

③对服装面料添加装饰性附着物设计的应用

运动休闲男装因为具有特殊的运动功能性，所以应尽量避免过多的、繁杂的装饰物的添加，但是可以适当地在一些重要的装饰部位进行局部运用，达到既不影响在运动过程中的身体舒展，又能够保持服装的美感的效果。

④对服装面料的多元组合设计的应用

运动休闲男装最大的特点便是宽松舒适，简单便于日常运动，在对面料的组合搭配设计中主要以拼接的方式进行，可采用组合或镶拼的方式增强服装的造型美感和视觉冲击力，让穿着者在运动中体现美感，美感中不影响运动。

面料二次设计对于现代休闲男装设计而言，并不是单纯的一种时尚表现，它更是休闲男装发展到一定阶段的必然结果和趋势。它在日常休闲男装中的应用最为广泛，并且无规律可循，可随心所欲地将二次设计的方法以适当的表现方式运用在其设计当中。面料二次设计在度假休闲男装中的运用，与日常休闲男装在大方向上类似，受到的限制相对较少，不同的是，度假休闲男装更需要使人产生轻松愉悦心情的设计。而商务休闲男装就没那么自由了，由于其特殊的功能性，在对其面料进行二次创新的设计中受到的限制会更多，且这种二次设计是有规律可循的。而面料二次设计在运动休闲男装设计中，因其特殊性，其设计要点主要是既保持服饰的美观性，又符合简单运动的要求。

参考文献

[1] 程煜．基于牛仔时尚的可持续服装设计探究 [D]．北京：北京服装学院，2018．

[2] 李思仪．环保理念下的服装再创作研究：新趋势下丹宁面料再造 [D]．天津：天津工业大学，2018．

[3] 王雪莹．戏剧服装设计中面料再造的情感呈现 [D]．北京：北京舞蹈学院，2017．

[4] 刘石璐．面料多元化在创意服装中的应用研究 [D]．武汉：湖北美术学院，2017．

[5] 唐李娜．面料二次设计在休闲男装设计中的应用研究 [D]．桂林：广西师范大学，2017．

[6] 孙雨柔．面料再造的增型处理在礼服设计中的运用研究 [D]．武汉：武汉纺织大学，2017．

[7] 孙茜．立体化设计在定制服装中的运用 [D]．武汉：武汉纺织大学，2017．

[8] 金小风．衍伸的独特魅力 [D]．重庆：四川美术学院，2017．

[9] 宋芬芬．水墨元素在面料再造中的运用研究 [D]．北京：北京服装学院，2017．

[10] 王婧婧．羊毛针毡工艺在服装面料设计中的运用与创新 [D]．上海：东华大学，2016．

[11] 赵玉．TPU 薄膜材料再造在服装设计中的应用研究 [D]．青岛：青岛大学，2016．

[12] 段卫杰．2016/17 秋冬季女装面料研究 [D]．上海：东华大学，2016．

[13] 赵宇．以唐代敦煌装饰图案为背景的面料再造设计研究 [D]．大连：大连工业大学，2016．

[14] 林海录．手工扣钉的面料呈现与服装造型设计实验 [D]．南京：南京艺术学院，2016．

[15] 路威．服装设计中浮雕效果的表现 [D]．南京：南京艺术学院，2016．

[16] 朱琼．面料肌理重构在成衣设计中的应用研究 [D]．西安：西安美术学院，2016．

[17] 杨悦铭 . 凉感面料二次再造的形态创新设计研究 [D]. 吉林：东北电力大学，2016.

[18] 李银平 . 基于升级再造方法的可持续时装设计研究 [D]. 北京：北京服装学院，2016.

[19] 陈艳如 . 阜南柳编编织工艺在服装设计中的应用性研究 [D]. 芜湖：安徽工程大学，2015.

[20] 贾碧莹 . 毛线装饰艺术在服装面料再造中的设计与研究 [D]. 大连：大连工业大学，2015.